Starthilfe
Thermodynamik

Starthilfe

Thermodynamik

Von Prof. Dr.-Ing. habil. Hans Karl Iben
und Prof. Dr.-Ing. Jürgen Schmidt
Otto-von-Guericke-Universität Magdeburg

B. G. Teubner Stuttgart · Leipzig 1999

Prof. Dr.-Ing. habil. Hans Karl Iben

Geboren 1936 in Hirschberg/Riesengebirge. Von 1953 bis 1956 Fachschulstudium für Kfz-Bau in Zwickau. Anschließend bis 1962 Studium des Maschinenbaues an der TH Dresden in der Vertiefungsrichtung Strömungstechnik bei Herrn Prof. Dr.-Ing. Dr. h. c. mult. W. Albring. Ab 1962 Assistent an der TH Magdeburg am Institut für Strömungsmaschinen und Strömungstechnik bei Herrn Dr. phil. et. Dr.-Ing. R. Irrgang.1967 Promotion. Von 1967 bis 1968 Zusatzstudium am Energetischen Institut in Moskau bei Herrn Prof. Dr. Deitsch. 1969 Oberassistent am Institut für Strömungsmaschinen und Strömungstechnik der TH Magdeburg. Ab 1970 Hochschuldozent für Gasdynamik an der TH Magdeburg. 1974 Habilitation. 1993 Berufung als Apl. Professor für Strömungslehre an der Otto-von-Guericke-Universität Magdeburg am Institut für Strömungstechnik/Thermodynamik.

E-Mail: hans.iben@masch-bau.uni-magdeburg.de

Prof. Dr.-Ing. Jürgen Schmidt

Geboren 1949 in Schönstedt/Thüringen. Von 1967 bis 1972 Studium der Verfahrenstechnik an der TH Magdeburg. Ab 1972 Assistent am Institut für Thermodynamik. 1977 Promotion auf dem Gebiet der Thermodynamik irreversibler Prozesse. 1982 facultas docendi für Thermodynamik. Von 1984 bis 1987 Hochschuldozent für Thermodynamik und Fluidmechanik am Centre Universitaire von Tiaret/Algerien. 1989 Berufung zum Hochschuldozenten und seit 1993 o. Professor für Thermodynamik an der Otto-von-Guericke-Universität Magdeburg.

E-Mail: juergen.schmidt@masch-bau.uni-magdeburg.de

Die Deutsche Bibliothek – CIP-Einheitsaufnahme

Iben, Hans Karl:
Starthilfe Thermodynamik / von Hans Karl Iben und Jürgen
Schmidt. – Stuttgart ; Leipzig : Teubner, 1999

ISBN 978-3-519-00262-8 ISBN 978-3-322-87176-3 (eBook)
DOI 10.1007/978-3-322-87176-3

Einbandgestaltung: Peter Pfitz, Stuttgart

Vorwort

Die vorliegende Starthilfe richtet sich an Studierende an Universitäten und Fachhochschulen, die sich erstmalig mit Thermodynamik beschäftigen. Die Thermodynamik gehört zu den grundlegenden Ingenieurwissenschaften. Erfahrungsgemäß zählt sie zu jenen Fächern, die dem Studenten häufig Startschwierigkeiten bereiten.

Dieser Band soll insbesondere den technisch orientierten Studenten den Einstieg erleichtern und ihnen die Grundlagen der Thermodynamik bis hin zur Anwendung der Erhaltungssätze verständlich erläutern. Werden diese Grundlagen beherrscht, dann ist man in der Lage, sich weitere Anwendungen mit Hilfe der Vorlesung oder der Literatur zu erschließen. Im Unterschied zu einem herkömmlichen Lehrbuch, das eine umfassende und vollständige Darstellung des zu vermittelnden Lehrstoffes enthält, wird in der Starthilfe das erforderliche Grundlagenwissen knapp, aber für das Verständnis ausführlich genug erläutert. Das vorliegende Buch ist damit auch als Nachschlagewerk und insbesondere zur Prüfungsvorbereitung geeignet. Die weiterführenden Anwendungen, wie z.B. das Zustandsverhalten der Dämpfe und der feuchten Luft, die zugeordneten Prozesse und die Grundlagen der Verbrennung, sind den im Literaturverzeichnis aufgeführten Lehrbüchern zu entnehmen, z.B. [Ba96, St92, El93, BK88].

Eine Einführung in die Thermodynamik erfordert zunächst die Definition und die Erklärung der wichtigsten Begriffe. Die Behandlung der Prozesse ist an bestimmte Stoffe gebunden, deren Zustandsgleichungen bekannt sein müssen. Die Bereitstellung entsprechender Stoffgesetze für die Prozeßberechnung ist ein wichtiges Teilgebiet der Thermodynamik. Am Beispiel einfacher Systeme werden die Grundlagen hierfür zusammenfassend im Kapitel 2 vor den Hauptsätzen behandelt. Für das Verständnis dieses Kapitels sind Kenntnisse der Differential- und Integralrechnung für Funktionen mit mehreren Variablen notwendig. Sind diese mathematischen Grundlagen noch nicht ausreichend bekannt, so werden dem Leser zunächst die Abschnitte 2.1, 2.4 und 2.6 des Kapitels 2 empfohlen.

Schwerpunkte der Starthilfe Thermodynamik sind die Behandlung der verschiedenen Energieformen, die Erhaltungssätze, die Hauptsätze der Thermodynamik sowie das Bilanzieren von Systemen. Die Wissensvermittlung wird dabei von interessanten und wichtigen technischen Beispielen begleitet. Die Grundlagen der Energiewandlung und der Prozeßbewertung werden ausführlich am Beispiel des Carnot-Kreisprozesses dargestellt.

Die hier verwendeten Bezeichnungen für die physikalischen Größen orientieren sich an den bewährten Lehrbüchern der Thermodynamik und an den Empfehlungen der International Heat Transfer Conference.
Die Autoren sind für Hinweise und Anregungen der Leser dankbar.
Unser Dank gilt den Herren Prof.Dr.-Ing.habil. Walter Lilienblum, Fachhochschule Magdeburg, Dr.-Ing. Hartwig Boye und Dr.-Ing. Dietmar Weiß, beide Institut für Strömungstechnik und Thermodynamik der Otto-von-Guericke-Universität Magdeburg, und Herrn Dr.rer.nat. Uwe Iben, Institut für Analysis und Numerik der Otto-von-Guericke-Universität Magdeburg, die das Manuskript kritisch durchgesehen haben und uns wertvolle Anregungen und Hinweise gaben.
Schließlich danken wir dem Teubner-Verlag, insbesondere Herrn J. Weiß, für die angenehme und sehr gute Zusammenarbeit.

Magdeburg, im Januar 1999 Hans Karl Iben und Jürgen Schmidt

Inhalt

Symbole und Einheiten

Größenart	Formelzeichen	Maßeinheit	Beziehungen zu Basiseinheiten
Fläche	A	m^2	
Geschwindigkeit	c	m/s	
spezifische Wärmekapazität bei konstantem Druck und Volumen	c_p, c_v	J/(kg K)	$m^2/(s^2\,K)$
Durchmesser	d	m	
Energie	E	J = N m	$kg\,m^2/s^2$
spezifische Energie	e	J/kg	m^2/s^2
Kraft	F, $\vec{F}$	N	$kg\,m/s^2$
freie Energie	F	J = N m	$kg\,m^2/s^2$
spezifische freie Energie	f	J/kg	m^2/s^2
Gibbs-Enthalpie	G	J = N m	$kg\,m^2/s^2$
spez. Gibbs-Enthalpie	g	J/kg	m^2/s^2
Erdbeschleunigung	g	m/s^2	
Enthalpie	H	J = N m	$kg\,m^2/s^2$
spezifische Enthalpie	h	J/kg	m^2/s^2
elektrischer Strom	I_{el}	A	
Wärmedurchgangskoeff.	k	$W/(m^2K)$	$kg/(s^3K)$
Boltzmann-Konstante	k_B	J/K	$kg\,m^2/(s^2K)$
Masse	M	kg	
Drehmoment	M_d	N m	$kg\,m^2/s^2$
Molmasse	$\tilde{M}$	kg/kmol	
Massenstrom	$\dot{M}$	kg/s	
Molmenge	N	kmol	
Teilchenzahl	n		
Loschmidt-Konstante	N_L	1/kmol	
Druck	p	$Pa = N/m^2$	$kg/(m\,s^2)$
Wärme	Q	J = N m	$kg\,m^2/s^2$
spezifische Wärme	q	J/kg	m^2/s^2
Wärmestrom	$\dot{Q}$	W	$kg\,m^2/s^3$
Verdampfungsenthalpie	r	J/kg	m^2/s^2

Größenart	Formelzeichen	Maßeinheit	Beziehungen zu Basiseinheiten
Raumanteil	r_i		
spezielle Gaskonstante	R	J/(kg K)	$m^2/(s^2 K)$
universelle Gaskonstante	$\tilde{R}$	J/(kmol K)	$kg\,m^2/(K\,s^2\,kmol)$
elektrischer Widerstand	R_{el}	$\Omega = V/A$	$kg\,m^2/(s^2\,A^2)$
Entropie	S	J/K	$kg\,m^2/(s^2\,K)$
Entropiestrom	$\dot{S}$	J/(K s)	$kg\,m^2/(s^3\,K)$
spezifische Entropie	s	J/(kg K)	$m^2/(s^2 K)$
Ortskoordinate	s_k	m	
Temperatur	T	K	
Zeit	t	s	
innere Energie	U	J = N m	$kg\,m^2/s^2$
spezifische innere Energie	u	J/kg	m^2/s^2
elektrische Spannung	U_{el}	$V = W/A$	$kg\,m^2/(s^2\,A)$
Rohrumfang	U_R	m	
Volumen	V	m^3	
spezifisches Volumen	v	m^3/kg	
Molvolumen	$\tilde{v}$	$m^3/(kmol)$	
Arbeit	W	J = N m	$kg\,m^2/s^2$
spezifische Arbeit	w	J/kg	m^2/s^2
Leistung	$\dot{W}$	W = N m/s	$kg\,m^2/s^3$
Massenanteil	y_i		
Molanteil	$\tilde{y}_i$		
Realgasfaktor	Z		
Höhenkoordinate	z	m	
Volumenausdehnungskoeff.	β	1/K	
Spannungskoeffizient	γ	1/K	
Leistungsziffer	δ		
Wirkungsgrad	η		
Temperatur	ϑ	°C	
Kompressibilitätskoeff.	χ	1/Pa	$(m\,s^2)/kg$
Isentropenexponent	$\varkappa$		
Wärmeleitkoeffizient	λ	W/(m K)	$kg\,m/(s^3\,K)$
Dichte	ρ	$kg/(m^3)$	
Dissipationsfunktion	Ψ	J	kgm^2/s^2
Winkelgeschwindigkeit	ω	1/s	

1 Thermodynamische Grundbegriffe

1.1 Gegenstand der Thermodynamik

Die Thermodynamik ist ein Teilgebiet der Physik. Sie entwickelte sich mit den Untersuchungen der Vorgänge in den Wärmekraftmaschinen, vor allem in der Dampfmaschine. Als selbständiges Wissensgebiet wurde sie durch die theoretischen Arbeiten von N.L.S. Carnot (1824), die Untersuchungen zum Energieerhaltungsprinzip und zum ersten Hauptsatz von J.R. Mayer (1842) und J.P. Joule (1848) sowie durch die Arbeiten zum zweiten Hauptsatz von R. Clausius (1850) und W. Thomson (1851, seit 1892 Lord Kelvin) begründet und in der Folgezeit rasch ausgebaut. Heute gehört die Thermodynamik als allgemeine Energielehre zu den grundlegenden Ingenieurwissenschaften. Sie besitzt eine große Bedeutung für viele Bereiche der Technik, aber auch der Chemie und der Biologie, in denen Energieumwandlungen eine Rolle spielen. Durch die Bewertung dieser Prozesse befähigt sie den Ingenieur zum energiewirtschaftlichen und umweltbewußten Denken und Handeln.

In der Thermodynamik werden die Phänomene der Energieumwandlung und Energieübertragung erklärt. Daneben wird ein physikalisches Prinzip formuliert, nach welchem entschieden werden kann, in welcher Richtung ein Vorgang abläuft. Beispielsweise bevorzugt die Natur die Umwandlung von nichtthermischer in thermische Energie, ein Ausdruck des Prinzips der Irreversibilität. Weiterhin beschreibt die Thermodynamik die Systemzustände, ihre Änderung im Ergebnis von Energiewandlungs- und Energieübertragungsprozessen sowie die Gleichgewichtsbedingungen.

Gegenstand der vorliegenden 'Starthilfe Thermodynamik' ist eine Einführung in die phänomenologische oder klassische Thermodynamik. Im Unterschied zur atomar-statistischen Betrachtungsweise stützt sich diese auf makroskopische, der Messung direkt zugängliche Größen, wie z.B. die Temperatur und den Druck, die unter mikroskopischen Verhältnissen nicht definiert sind. Die phänomenologische Thermodynamik kann keine Modelle zum Stoffverhalten bereitstellen. Für die Bestimmung der thermodynamischen Zustandsfunktionen und des Gleichgewichtsverhaltens werden deshalb Meßwerte benötigt.

1.2 Thermodynamische Systeme

Eine thermodynamische Untersuchung führt man an einem streng definierten endlich begrenzten Gebiet (Kontrollraum, Bilanzgebiet) bzw. an einer definierten abgegrenzten Stoffmenge (Masse) durch. Dieses Gebiet bezeichnet man als **thermodynamisches System**. Außerhalb des vereinbarten Gebietes erstreckt sich die **Umgebung**. Das Gebiet ist durch seine **Grenze** von der Umgebung abgegrenzt. Dabei kann es sich um eine materiell vorhandene oder eine gedachte Grenze handeln. Es können auch mehrere technische Einrichtungen, z.B. Verdichter mit Zwischenkühlern, zu einem System bzw. Bilanzraum zusammengefaßt werden. Der Systemgrenze ordnet man häufig idealisierte Eigenschaften bezüglich ihrer Durchlässigkeit für Energie (Arbeit,Wärme) und Materie zu und unterscheidet danach die Systeme.

Definition 1.1: *Ein thermodynamisches System ist*

- **abgeschlossen** *oder* **isoliert**, *wenn es keine Wechselwirkung mit der Umgebung gibt,*
- **geschlossen**, *wenn es massedicht ist und über die Grenze nur Energie in Form von Arbeit oder Wärme übertragen wird,*
- **offen**, *wenn über die Grenze ein Stofftransport stattfindet,*
- **adiabat**, *wenn über die Grenze keine Wärme übertragen wird (thermisch ideal isoliert).*

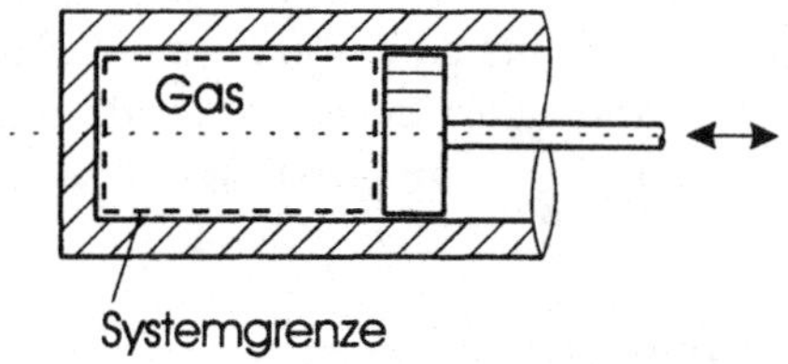

Bild 1 Geschlossenes System

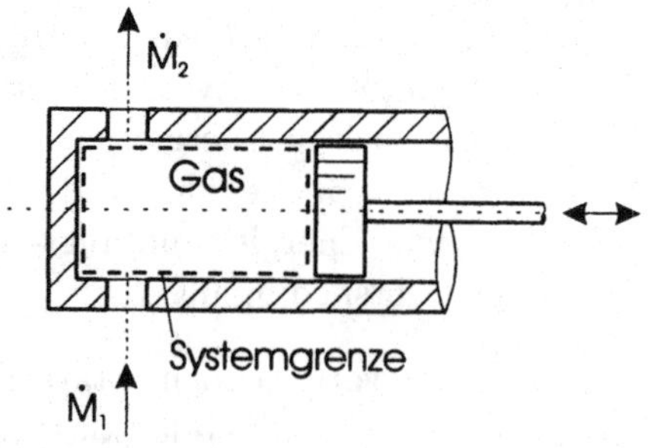

Bild 2 Offenes System

Als Beispiel betrachten wir ein Gas in einem Zylinder, Bild 1 und Bild 2. Durch den Kolben ist ein Teil der Systemgrenze verschiebbar, und es kann Arbeit durch Verdichtung oder Entspannung verrichtet werden.

Die Masse innerhalb eines geschlossenen Systems, Bild 1, ist konstant, während sie sich in Abhängigkeit des ein- und austretenden Stoffstromes bei einem offenen System, Bild 2, zeitlich ändern kann. In den meisten Anwendungsfällen enthalten die betrachteten Systeme Flüssigkeiten oder Gase (**Fluide**). Sind in einem System die Zusammensetzung und die Eigenschaften örtlich konstant, so nennt man es **homogen**. Homogene Bereiche eines Systems bilden eine **Phase**.

Systeme beschreibt man durch physikalische **Größen**, z.B. den Druck p, die Dichte ρ, das Volumen V, die Temperatur T, die Zähigkeit ν. Die Größe setzt sich aus dem Produkt von Maßzahl (Zahl) und Maßeinheit (Einheit) zusammen.

1.3 Thermodynamisches Gleichgewicht

Zur Einführung des Gleichgewichtsbegriffes betrachten wir zunächst das abgeschlossene Gesamtsystem im Bild 3, das durch einen verschiebbaren Kolben in die beiden Teilsysteme A und B getrennt wird. In jedem der beiden geschlossenen Teilsysteme kann zum Anfangszeitpunkt $t = 0$ eine örtliche Druck- und Temperaturverteilung vorliegen. Erfahrungsgemäß nehmen in jedem abgeschlossenen thermodynamischen System der Druck und die Temperatur des Gases durch Ausgleichsvorgänge nach hinreichend langer Zeit je einen konstanten Wert an. Dieser örtlich und zeitlich ausgeglichene Zustand heißt **Gleichgewichtszustand**. Ohne Einwirkung von außen ändert er sich nicht.

Definition 1.2: *Ein geschlossenes thermodynamisches System befindet sich im Gleichgewichtszustand, wenn bei fehlender äußerer Beeinflussung die den Zustand charakterisierenden Größen orts- und zeitunabhängig sind.*

Beide Teilsysteme befinden sich im thermodynamischen Gleichgewicht, wobei mechanisches und thermisches Gleichgewicht zu unterscheiden sind. Die Teilsysteme A und B im Bild 3 stehen im **mechanischen Gleichgewicht**, wenn die Kräfte $F_A = A_K\, p_A$ und $F_B = A_K\, p_B$ auf beiden Seiten des Kolbens gleich

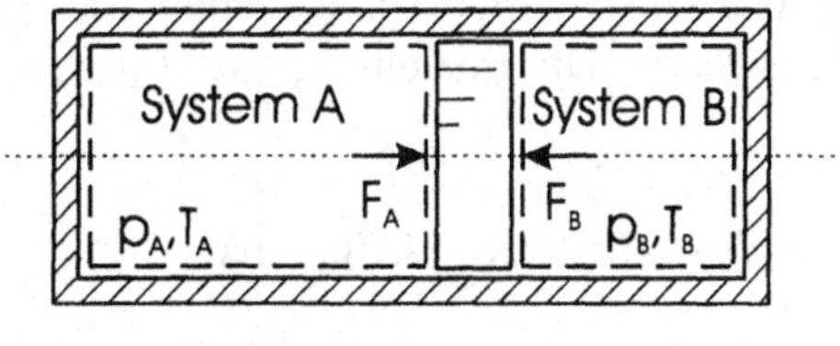

Bild 3 Abgeschlossenes Gesamtsystem

sind ($F_A = F_B$). Da die Fläche A_K auf beiden Seiten des Kolbens die gleiche ist, gilt für die Drücke in den Systemen A und B die Beziehung $p_A = \frac{F_A}{A_K} = p_B$. Der **Druck** ist der Quotient aus Kraft F und Fläche A, wobei F senkrecht auf A wirkt. Er ist eine meßbare skalare Größe. Die Maßeinheit des Druckes ist: $[p] = 1\,\mathrm{N/m^2} = 1\mathrm{Pa}$ (Pascal).

Von statistischen Gesichtspunkten aus ist die Kraft F die Resultierende der Impulskräfte, die die Moleküle beim Auftreffen auf eine Fläche verursachen. Gleichzeitig ist der Mittelwert der kinetischen Energie $E_{kin,Mol}$ der ungeordneten Molekularbewegung proportional der **Temperatur** T.
In der klassischen Thermodynamik definiert man die Temperatur mittels des thermischen Gleichgewichtes als makroskopisch meßbare Größe.
Haben die Systeme A und B unterschiedliche Temperaturen, so läuft bei einem wärmedurchlässigen (diathermen) Kolben, Bild 3, ein Ausgleichsprozeß solange ab, bis sich in beiden Teilsystemen die gleiche Temperatur eingestellt hat.

Definition 1.3: *Zwei Systeme befinden sich im* **thermischen Gleichgewicht**, *wenn ihre Temperaturen übereinstimmen.*

Satz 1.1 Nullter Hauptsatz: *Immer dann, wenn sich zwei Systeme mit einem dritten System im thermischen Gleichgewicht befinden, sind sie auch untereinander im thermischen Gleichgewicht.*

Nach dem nullten Hauptsatz kann das dritte System als Meßgerät (Thermometer) dienen. Mit ihm stellt man fest, ob die beiden anderen Systeme gleiche Temperatur haben. Zur Temperaturmessung sind alle temperaturabhängigen physikalischen Eigenschaften der Körper geeignet, wie z.B. die Volumenausdehnung oder der elektrische Widerstand.
Als Fixpunkt der **thermodynamischen Temperatur** T (vergl. Abschnitt 3.5.2), die mit der Temperatur eines idealen Gasthermometers identisch ist, hat man auf der 10. Generalkonferenz für Maße und Gewichte in Paris im Jahre 1954 den Tripelpunkt des Wassers vereinbart und ihm die Temperatur $T_{tr} = 273.16\text{K}$ zugeordnet[1]. Am Tripelpunkt stehen die feste, flüssige und gasförmige Phase miteinander im Gleichgewicht. Die Maßeinheit der Temperatur ist: $[T] = 1$ K (Kelvin). Die Temperatur ist eine skalare Größe. Häufig benutzt man auch die Celsius-Skala. Die Beziehung zur Umrechnung der Temperaturen beider Skalen lautet:

$$\vartheta = T - 273.15\,\text{K} \quad \text{in}\ ^\circ\text{C} \quad \text{bzw.} \quad \Delta T = \Delta\vartheta \quad \text{und} \quad \mathrm{d}T = \mathrm{d}\vartheta \quad \text{in K}\,. \tag{1.1}$$

Die Temperatur und der Druck sind Indikatoren des thermischen und mechanischen Gleichgewichtes. Das stoffliche Gleichgewicht, auf das hier nicht eingegangen wird, erfordert die Gleichheit der chemischen Potentiale.

[1]Die Festlegung ist historisch bedingt. Sie dient der Anpassung an die Celsius-Skala und gewährleistet, daß auf beiden Skalen die Differenz zwischen Schmelzpunkt (0°C) und Siedepunkt (100°C) des Wassers bei 0.101325 MPa 100 Einheiten in Kelvin entspricht.

In einem hinreichend kleinen System kann man unter der Voraussetzung des **lokalen Gleichgewichtes** lokale Werte der Temperatur und des Druckes festlegen. Das System muß aber ausreichend viele Moleküle für eine statistische Mittelwertbildung besitzen, und die Zustandsänderung darf nicht zu schnell ablaufen, damit die Maxwellsche Geschwindigkeitsverteilung der Moleküle nicht gestört ist. Druck und Temperatur können in diesem Fall orts- und zeitveränderlich sein. Man spricht dann im Unterschied zu einem geschlossenen System bzw. einer Phase von einem **Kontinuum**[2], in dem Druck $p(x, y, z, t)$ und Temperatur $T(x, y, z, t)$ den Charakter von Feldgrößen haben. Druck und Temperatur sind damit unter Verwendung des lokalen Gleichgewichtes auch für geschlossene Systeme im Nichtgleichgewicht definiert. Sie sind dann ortsabhängig.
In offenen Systemen, als Beispiel betrachten wir die Strömung in einer Rohrleitung, können sich Druck, Temperatur und Dichte entlang einer Ortskoordinate zwischen Ein- und Austritt ändern. Senkrecht zu dieser Koordinate setzt man als Ausdruck des thermodynamischen Gleichgewichtes konstante bzw. näherungsweise gemittelte Größen in jedem Querschnitt voraus. Häufig fordert man bei der Analyse offener Systeme nur den Gleichgewichtszustand im Ein- und Austrittsquerschnitt.

1.4 Zustand und Zustandsgrößen

Jedes System besitzt physikalische Eigenschaften, die durch Größen wie den Druck, die Temperatur, das Volumen usw. näher beschrieben werden.

Definition 1.4: *Der* **Zustand** *eines Systems wird durch physikalische Größen festgelegt, die wesentliche Eigenschaften des Systems beschreiben und seine Reproduzierbarkeit ermöglichen. Im Gleichgewicht ist für die Zustandsbeschreibung eine minimale Zahl makroskopischer, meßbarer Größen ausreichend.*
Größen, die einer solchen Beschreibung des Systems dienen und von der Prozeßführung (Abschnitt 1.5) unabhängig sind, bezeichnet man als **Zustandsgrößen**.

Alle Größen, die den mechanischen oder äußeren Zustand eines Systems charakterisieren, sind **äußere** Zustandsgrößen. Beispiele hierfür sind die Lagekoordinaten und die Geschwindigkeit des Systemschwerpunktes gegenüber einem Koordinatensystem.
Die inneren Zustandsgrößen beschreiben die Eigenschaft der Materie innerhalb

[2] Die Kontinuumsbetrachtung wird unter anderem in der Thermodynamik irreversibler Prozesse und in der Strömungsmechanik genutzt.

des Systems. Druck, Temperatur, Dichte bzw. Volumen bezeichnen wir dabei als **thermische** Zustandsgrößen. Findet zwischen einem System und dessen Umgebung ein Energietransport statt, bei dem die äußeren Energien (kinetische und potentielle Energie des Systemschwerpunktes) konstant bleiben, so ändert sich die innere Energie U des Systems. Die innere Energie und die noch zu definierenden Größen wie die Enthalpie H und die Entropie S bilden die **energetischen** (kalorischen) Zustandsgrößen.

Die Zustandsgrößen lassen sich weiterhin in intensive und extensive Zustandsgrößen einteilen. **Intensive** Zustandsgrößen sind z.B. p und T. Sie sind von der Masse (Größe des Systems) unabhängig. Die **extensiven** Zustandsgrößen z.B. V, U, H und S, die wir durch große Buchstaben kennzeichnen, sind proportional zur Systemmasse M oder der Molmenge (Stoffmenge) N. Die Molmenge orientiert sich an der Teilchenzahl. Ein Mol eines jeden Stoffes enthält die gleiche Anzahl von Teilchen (Abschnitt 2.4). Das Verhältnis von Masse M zur Molmenge N ist die Molmasse

$$\tilde{M} = \frac{M}{N} \quad \text{in kg/kmol}. \tag{1.2}$$

Wird eine extensive Zustandsgröße durch die Masse des Systems dividiert, so ergibt sich eine **spezifische** Zustandsgröße. Diese ist wiederum eine intensive Zustandsgröße. Beispiele sind das spezifische Volumen $v = V/M$ und die spezifische innere Energie $u = U/M$. Die spezifischen Größen kennzeichnen wir durch kleine Buchstaben.

Neben den spezifischen Größen benutzt man, insbesondere bei Stoffwandlungsprozessen und chemischen Reaktionen, **molare** Größen. Diese entstehen analog aus den extensiven Größen durch Bezug auf die Molmenge. Sie sind wiederum intensive Größen. Molare Größen kennzeichnen wir durch Kleinbuchstaben unter Verwendung des Symbols ~ (Tilde). Allgemein gilt für die spezifische und die molare Größe einer extensiven Zustandsgröße Z_u

$$z_u = \frac{Z_u}{M} \quad \text{und} \quad \tilde{z}_u = \frac{Z_u}{N} = \tilde{M}\, z_u . \tag{1.3}$$

Für ein einkomponentiges Gesamtsystem ergibt sich die extensive Zustandsgröße Z_u additiv aus den Zustandsgrößen Z_{ui} der Teilsysteme

$$Z_u = \sum_i Z_{ui} = \sum_i M_i\, z_{ui} = \sum_i N_i\, \tilde{z}_{ui} . \tag{1.4}$$

Diese Eigenschaft ist für intensive Größen nicht gültig. Im Falle eines Zweiphasensystems erhalten wir

$$\begin{aligned} M &= M_1 + M_2 , \quad Z_u = M_1\, z_{u1} + M_2\, z_{u2} , \\ z_u &= \frac{Z_u}{M} = z_{u1} + (z_{u2} - z_{u1}) \frac{M_2}{M} . \end{aligned} \tag{1.5}$$

Ein ausgewählter Zustand, der in der Thermodynamik häufig zur Angabe von Fluideigenschaften benutzt wird, ist der **Normzustand**.

Definition 1.5: *Der Normzustand ist durch die Temperatur* $T_n = 273.15\,\mathrm{K}$ *und den Druck* $p_n = 1.01325 \cdot 10^5\,\mathrm{Pa}$ *festgelegt.*

Beispiel 1:
In dem Dampfkessel einer Färberei mit dem Volumen $V = 26\,\mathrm{m}^3$ befinden sich siedendes Wasser und gesättigter Dampf mit der Gesamtmasse $M = 3500$ kg. Die Temperatur dieses im Gleichgewicht stehenden Zweiphasensystems beträgt bei $p = 1$ MPa Absolutdruck nach der Dampftafel [SG89] $T_s = 453.03$ K. Weiterhin entnehmen wir aus dieser für den vorgegebenen Druck die spezifischen Volumina für Flüssigkeit und Dampf, $v' = 1.1273 \cdot 10^{-3}\,\mathrm{m}^3/\mathrm{kg}$ und $v'' = 0.1946\,\mathrm{m}^3/\mathrm{kg}$. Gesucht werden die Massen M' und M'' der beiden Phasen und die Volumina V' und V''.

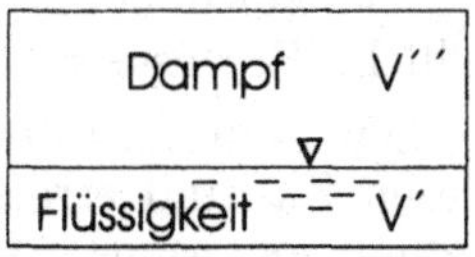

Bild 4 Dampfkessel mit siedendem Wasser und gesättigtem Dampf

Lösung: Die gesamte Masse $M = M' + M''$ ist gleich der Summe der einzelnen Massen (Flüssigkeit und Dampf) im Dampfkessel. Ebenso gilt für die Summe der Teilvolumina $V = V' + V''$. In dieser Beziehung ersetzen wir mittels des Zusammenhangs $V = v\,M$ das Volumen V durch das spezifische Volumen v und die Masse M. Es folgt

$$V = v\,M = v'M' + v''M'' \,. \tag{1.6}$$

In Gl.(1.6) sind M' und M'' die Unbekannten. Mit $M' = M - M''$ erhalten wir

$$V = v'M + (v'' - v')M''$$

oder nach der Dampfmasse M'' umgestellt:

$$M'' = \frac{V - v'M}{v'' - v'} = \frac{26 - 1.1273 \cdot 10^{-3} \cdot 3500}{0.1946 - 1.1273 \cdot 10^{-3}} = 114\,\mathrm{kg}\,.$$

Es folgt nun sofort die Masse der Flüssigkeit zu $M' = M - M'' = 3386\,\mathrm{kg}$. Für die Volumina des Dampfes und der Flüssigkeit ergeben sich:

$$V'' = v''M'' = 22.18\,\mathrm{m}^3 \quad \text{und} \quad V' = v'M' = 3.82\,\mathrm{m}^3\,. \quad \blacksquare$$

1.5 Zustandsänderungen und Prozesse

Ein geschlossenes thermodynamisches System trete in Wechselwirkung (Volumenänderung, Energietransport) mit seiner Umgebung.
Befindet sich das System zum Zeitpunkt t_1 im Zustand 1 (thermodynamisches Gleichgewicht) und zu einem späteren Zeitpunkt t_2 im Zustand 2 (thermodynamischen Gleichgewicht), der aber von 1 verschieden ist, dann hat eine **Zustandsänderung** stattgefunden. Der Zustandsänderung liegt ein **Prozeß** zugrunde. Er gibt nähere Auskunft darüber, wie der Zustand 2 aus dem Zustand 1 entstanden ist. Die Beschreibung eines Prozesses erfordert neben der Kenntnis der Zustandsänderung auch die Kenntnis der Wechselwirkung zwischen dem System und seiner Umgebung. Der Begriff Prozeß ist dabei umfassender als der Begriff Zustandsänderung. Eine bestimmte Zustandsänderung kann durch unterschiedliche Prozesse realisiert werden. Hat ein System einen bestimmten Zustand eingenommen, so sind die Zustandsgrößen unabhängig davon, wie das System diesen Zustand erreicht hat. Zustandsgrößen sind damit unabhängig vom Prozeßverlauf (wegunabhängig). Demgegenüber sind die den Prozeß kennzeichnenden Größen wie Arbeit und Wärme abhängig von der Prozeßführung. Sie bezeichnet man als **Prozeßgrößen**.

Definition 1.6: *Kann man ein System, in dem ein Prozeß vom Zustand* 1 *zum Zustand* 2 *abgelaufen ist, wieder in seinen Ausgangszustand* 1 *überführen, ohne daß eine Änderung in der Umgebung zurückbleibt, so nennt man den Prozeß* **reversibel** *oder umkehrbar. Ist aber der Ausgangszustand* 1 *des Systems nur mit einer Änderung in der Umgebung wiederherstellbar, so heißt der Prozeß* **irreversibel** *oder nicht umkehrbar.*

Im allgemeinen wird das System während eines Prozesses keine Gleichgewichtszustände durchlaufen. So entsteht z.B. beim Erhitzen von Wasser in einem Behälter eine Temperaturverteilung. Nach Beendigung des Heizvorganges läuft ein Ausgleichsprozeß ab, bis sich eine einheitliche Temperatur im Wasser und damit das Gleichgewicht eingestellt hat. Die Zustandsänderung vollzieht sich bei diesem Ausgleichsvorgang **nichtstatisch**. Bei hinreichend langsamer Prozeßführung wird das System hingegen eine Folge von Gleichgewichtszuständen durchlaufen. Die Zustandsänderung ist dann **quasistatisch**[3].
Erreicht das System nach Durchlaufen einer Folge von Zustandsänderungen wieder den Anfangszustand, so spricht man von einem **Kreisprozeß**.

[3] Beispielsweise kann die Zustandsänderung in Kolbenverdichtern quasistatisch beschrieben werden, da sich Druckänderungen mit Schallgeschwindigkeit ausgleichen, die Verdichtungsgeschwindigkeit (Kolbengeschwindigkeit) aber um ein bis zwei Zehnerpotenzen niedriger ist als die Schallgeschwindigkeit.

Alle realen Prozesse verlaufen nichtstatisch und irreversibel. Quasistatische Prozesse sind ideale Prozesse; sie können reversibel, aber auch irreversibel verlaufen. Reversible Prozesse sind idealisierte Grenzfälle der realen Prozesse und erfordern stets quasistatische Zustandsänderungen. Die irreversiblen Prozesse sind immer auch dissipative Prozesse (vergl. Abschnitt 3.5.5). Zu den irreversiblen Prozessen gehören die Ausgleichsprozesse (Druck-,Temperatur- und Konzentrationsausgleich), die stets nichtstatischen Charakter haben. Dissipative Prozesse können in bestimmten Fällen auch quasistatisch betrachtet werden. Im Fall der Reibung werden Arbeit bzw. äußere Energien in nichtumkehrbarer Weise in innere Energie umgewandelt, wobei das System durchaus durch Gleichgewichtswerte des Druckes und der Temperatur beschrieben werden kann.

Prozesse, die in geschlossenen Systemen zu einer Zustandsänderung führen, verlaufen stets in Abhängigkeit der Zeit, d.h., sie sind **instationär**. Ein Prozeß kann in einem geschlossenen System aber auch **stationär** (Druck und Temperatur sind zeitlich konstant) ablaufen. Dieser Fall liegt z.B. vor, wenn dem Gas in einem geschlossenen Zylinder (ohne beweglichen Kolben, Bild 10) die Rührerleistung $\dot{W}_{Welle}$ zugeführt und gleichzeitig durch den Wärmestrom $\dot{Q}$ ein entsprechender Energiestrom wieder vollständig abgeführt wird. Das Gas erfährt in diesem Fall keine Zustandsänderung. Ändert sich der Zustand des Systems nicht mehr mit der Zeit, so ist der Beharrungszustand oder der **stationäre Zustand** erreicht.

Im Unterschied zu einem geschlossenen System ändern sich bei einem offenen System die Zustandsgrößen nicht nur in Abhängigkeit der Zeit, sondern auch entlang der Ortskoordinate s_k, die den Ein- und Austrittsquerschnitt des Bilanzgebietes verbindet. Im quasistatischen Prozeß sind dann die Zustandsgrößen p, v, T, u Funktionen von s_k, t. Bei einem stationären Prozeß sind die Wechselwirkungen mit der Umgebung in Form von Arbeit, Wärme und Stofftransport zeitunabhängig. Das gilt ebenso für die intensiven Zustandsgrößen z_u, so daß $\partial z_u(s_k, t)/\partial t = 0$ für jedes $(\forall)$ $z_u \in [p, v, T, u, \cdots]$ gilt.

2 Zustandsverhalten einfacher Systeme

2.1 Einstoffsysteme und p, v, T-Verhalten

Das Verhalten thermodynamischer Systeme ist in Abhängigkeit von ihrer Beschaffenheit durch eine entsprechende Anzahl von Zustandsgrößen beschreibbar. Erfahrungsgemäß sind diese jedoch nicht immer unabhängig voneinander. Die

Anzahl der frei wählbaren Größen, die den Zustand eines Systems eindeutig festlegen, bezeichnet man als Freiheitsgrade eines Systems. Besonders übersichtlich sind die Verhältnisse im thermodynamischen Gleichgewicht sogenannter einfacher Systeme, auf die wir uns in den vorliegenden Darstellungen beschränken.

Definition 2.1: *Thermodynamisch einfache Systeme sind homogene Systeme, die aus reinen Stoffen (meist Gase und Flüssigkeiten) bestehen und in denen die Wirkung äußerer Kräfte (magnetische, elektrische und Oberflächenkräfte) vernachlässigbar ist.*

Der Zustand eines einfachen Systems der Masse M wird erfahrungsgemäß eindeutig durch zwei unabhängige intensive Zustandsgrößen festgelegt. Die beiden Zustandsgrößen können die Temperatur und der Druck sein. Mit ihnen lassen sich thermodynamische Gleichgewichtszustände identifizieren und reproduzieren. Beispielsweise gilt für das spezifische Volumen eines einfachen Systems $v = v(p, T)$.

Das thermische Verhalten reiner Stoffe, die in den Aggregatzuständen (Phasen) fest, flüssig und gas- bzw. dampfförmig[1] auftreten können, ist damit im p, v, T-Raum eindeutig beschreibbar. Im Bild 5 ist die thermische Zustandsfläche $p = p(v, T)$ eines reinen Stoffes, z.B. Kohlendioxid CO_2, über der T, v-Ebene prinzipiell aufgetragen.

Wir betrachten eine isobare Wärmezufuhr von 1→6, um die einzelnen Phasen und ihre Übergänge kennenzulernen. Den Übergang 2→3 von der festen Phase in die flüssige Phase nennt man **Schmelzen**. Der umgekehrte Vorgang ist das **Erstarren**.

Den Übergang 4→5 von der flüssigen Phase in die gasförmige Phase bezeichnet man als **Verdampfen**. Der umgekehrte Vorgang ist das **Verflüssigen** oder **Kondensieren**.

Zwischen dem Festkörper und der Flüssigkeit liegt das **Schmelzgebiet**. Beide Phasen existieren hier bei gleichem Druck und gleicher Temperatur nebeneinander im thermodynamischen Gleichgewicht. Das Schmelzgebiet wird durch die Schmelzlinie und die Erstarrungslinie begrenzt. Die Darstellung im Bild 5 gilt streng genommen nicht für Wasser, da die Schmelzdruckkurve von Wasser im Unterschied zu den meisten reinen Stoffen einen negativen Anstieg besitzt. Dieser Anstieg steht in Verbindung mit der Anomalie des Wassers bezüglich des spezifischen Volumens.

Der Schmelzvorgang vollzieht sich unter Wärmezufuhr. Im Punkt 3 ist der Festkörper vollständig geschmolzen. Durch weitere Wärmezufuhr bei konstantem Druck erhöht sich die Temperatur der Flüssigkeit (3→4), bis im Punkt 4 die

[1] In der Nähe ihrer Verflüssigung bezeichnet man Gase auch als Dämpfe.

Verdampfungslinie (auch Siedelinie genannt) erreicht wird. Unter Wärmezufuhr beginnt jetzt die Flüssigkeit zu verdampfen. Dabei bleibt wie im Schmelzgebiet die Temperatur solange konstant, bis im Punkt 5 die gesamte Flüssigkeit

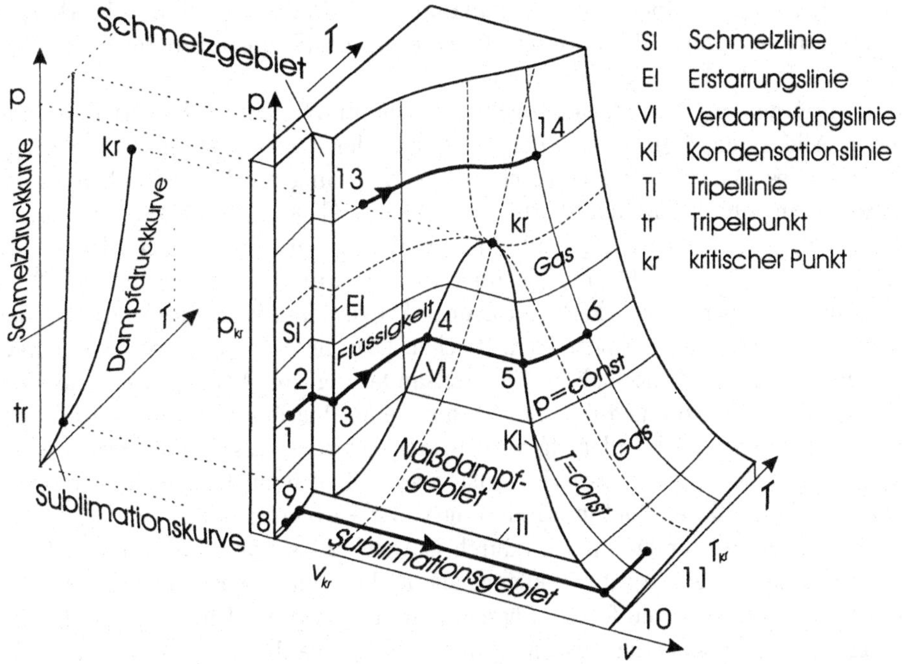

Bild 5 p, v, T-Fläche eines reinen Stoffes

verdampft ist. Man nennt diesen Zustand trocken gesättigten Dampf oder **Sattdampf**. Das **Naßdampfgebiet** zwischen den Punkten 4 und 5 ist ein Zweiphasengebiet, in dem gesättigter Dampf und siedende Flüssigkeit bei konstantem Druck und konstanter Temperatur nebeneinander im thermodynamischen Gleichgewicht existieren. Es wird durch die Verdampfungslinie und durch die **Kondensationslinie** (auch Taulinie genannt) begrenzt. Im Punkt 5 führt eine Wärmezufuhr (5 → 6) wieder zu einem Temperaturanstieg. Der Zustand des Dampfes wird dann als überhitzter Dampf oder **Heißdampf** bezeichnet.

Bei relativ niedrigem Druck schneiden sich Sublimationsdruckkurve, Schmelzdruckkurve und Dampfdruckkurve im **Tripelpunkt** tr. In diesem Punkt koexistieren alle drei Phasen. Der Tripelpunkt, in dem Eis, Flüssigkeit und Dampf vorliegen, liegt für CO_2 bei $T_{tr} = 216.59$ K und $p_{tr} = 518$ kPa sowie für Wasser bei $T_{tr} = 273.16\,\mathrm{K}$ und $p_{tr} = 611.66\,\mathrm{Pa}$.

Ausgehend von der festen Phase verfolgen wir jetzt die isobare Zustandsänderung von 8→11 bei einem Druck p mit $0 < p < p_{tr}$ unter Wärmezufuhr. Im

Punkt 9 wird die **Sublimationslinie** erreicht. Der Festkörper schmilzt hier nicht, sondern er verdampft. Man nennt den Übergang vom Festkörper in die Gasphase **Sublimation** und die Umkehrung **Desublimation**.
Im Sublimationsgebiet existieren Festkörper und Dampf bei konstantem Druck und konstanter Temperatur nebeneinander. Im Punkt 10 ist der Festkörper vollständig verdampft. Eine weitere Wärmezufuhr läßt die Temperatur der Gasphase bis Punkt 11 wieder ansteigen.
Verdampfungs- und Kondensationslinie treffen im **kritischen Punkt** kr aufeinander. Alle Eigenschaften, z.B. die Dichte und der Brechungsindex, der Flüssigkeit und des Dampfes gleichen sich mit Annäherung an den kritischen Punkt einander an. Die kritischen Werte betragen für CO_2: $p_{kr} = 7.384\,\mathrm{MPa}, T_{kr} = 304.2\,\mathrm{K}, v_{kr} = 2.156\,\mathrm{m^3/kg}$ und die für Wasser: $p_{kr} = 22.064\,\mathrm{MPa}, T_{kr} = 647.14\,\mathrm{K}, v_{kr} = 3.106 \cdot 10^{-3}\,\mathrm{m^3/kg}$. Im kritischen Punkt haben Druck und Temperatur, bei denen Flüssigkeit und Dampf koexistieren können, die maximalen Werte. Bei Drücken oberhalb des kritischen Druckes ($p > p_{kr}$) beobachtet man eine Besonderheit. Eine isobare Zustandsänderung von 13→14 führt aus dem Flüssigkeitsgebiet in das fluide Gebiet, ohne eine Phasenumwandlung zu durchlaufen. Diese Zustandsänderung wird in den Benson-Kesseln von Kraftwerken genutzt. Durch eine isotherme Expansion von 14 → 6 ist der gleiche Dampfzustand wie im Fall der Zustandsänderung von 1 → 6 erreichbar.
Ein Gas (überhitzter Dampf) ist durch isotherme Kompression nur verflüssigbar, wenn seine Temperatur T kleiner als die kritische Temperatur T_{kr} ist.
In jeder der betrachteten festen, flüssigen und gasförmigen Phasen ist im Fall eines einfachen Systems der Zustand durch zwei frei wählbare intensive Zustandsgrößen z_{u1}, z_{u2} (z.B. p, T) festgelegt, die die unabhängigen Variablen bilden. Alle weiteren intensiven Größen bilden **Zustandsfunktionen** $z_{ui} = z_{ui}(z_{u1}, z_{u2})$, die unabhängig davon sind, wie das System in diesen Zustand gelangt. Bezugnehmend auf den durch die thermodynamischen Koordinaten z_{u1} und z_{u2} gebildeten Raum[2] spricht man von einer Wegunabhängigkeit der Zustandsgrößen z_{ui}.
Da sich abhängige und unabhängige Variable beliebig vertauschen lassen, sind alle Zustandsgrößen unabhängig von der Prozeßführung (wegunabhängig). Die Zustandsgröße z_{ui} besitzt damit ein totales oder vollständiges Differential

$$\mathrm{d}z_{ui}(z_{u1}, z_{u2}) = \frac{\partial z_{ui}}{\partial z_{u1}}\mathrm{d}z_{u1} + \frac{\partial z_{ui}}{\partial z_{u2}}\mathrm{d}z_{u2}\,, \quad \forall \quad i \geq 3\,, \tag{2.1}$$

[2]Für nichtreagierende Systeme, die aus K Komponenten und P Phasen bestehen, ist die Anzahl der Freiheitsgrade F mit der Gibbsschen Phasenregel $F = K - P + 2$ bestimmbar. Ein aus einem reinen Stoff ($K = 1$) gebildetes System, in dem eine Phasenumwandlung z.B. Schmelzen oder Verdampfen ($P = 2$) abläuft, besitzt nur einen Freiheitsgrad, ausgedrückt durch die Schmelz- oder die Siededruckkurve $p_s = p_s(T)$. Ist die Siedetemperatur gegeben, so liegt der Siededruck (Verdampfungsdruck) fest oder umgekehrt.

und es gilt die Integrabilitätsbedingung

$$\frac{\partial^2 z_{ui}}{\partial z_{u1} \partial z_{u2}} = \frac{\partial^2 z_{ui}}{\partial z_{u2} \partial z_{u1}} . \tag{2.2}$$

Andererseits ist das Integral

$$\int_{z_{uiA}}^{z_{uiE}} \mathrm{d}z_{ui} = z_{uiE}(z_{u1E}, z_{u2E}) - z_{uiA}(z_{u1A}, z_{u2A}) \tag{2.3}$$

eines totalen Differentials nur vom Anfangszustand z_{uiA} und Endzustand z_{uiE} der Zustandsänderung abhängig. Ist der Integrationsweg wie im Fall eines Kreisprozesses eine einfache geschlossene Kurve, so ist $\oint \mathrm{d}z_{ui} = 0$.

Für die Beschreibung einfacher thermodynamischer Systeme verwendet man üblicherweise den Druck p in Pa, das spezifische Volumen v in m^3/kg, die Temperatur T in K und die spezifische innere Energie u in J/kg. Wählt man als unabhängige Variable T und v, dann müssen für p und u entsprechende Berechnungsgleichungen existieren. Der funktionelle Zusammenhang

$$p = p(T, v) , \tag{2.4}$$

der ausschließlich thermische Zustandsgrößen enthält, wird als **thermische Zustandsgleichung** und die Beziehung

$$u = u(T, v) \tag{2.5}$$

als **energetische (kalorische) Zustandsgleichung** bezeichnet.

Für die zweckmäßige Systembeschreibung in verschiedenen Anwendungsfällen hat man als weitere Zustandsgrößen

$$\begin{aligned} &\text{die Enthalpie} & H &= U + pV & &\text{in J},\\ &\text{das Differential der Entropie} & \mathrm{d}S &= \frac{1}{T}(\mathrm{d}U + p\,\mathrm{d}V) & &\text{in J/K},\\ &\text{die freie Energie} & F &= U - TS & &\text{in J},\\ &\text{die freie bzw. Gibbs-Enthalpie} & G &= H - TS & &\text{in J} \end{aligned} \tag{2.6}$$

eingeführt. Mit ihnen lassen sich weitere Zustandsgleichungen formulieren.

Da in der klassischen Thermodynamik keine Aussagen zur Struktur und zum Verhalten der Materie getroffen werden, muß man die Zustandsgleichungen der jeweiligen Stoffe experimentell bestimmen. Das trifft ebenso für weitere Stoffeigenschaften zu, wie den Brechungsindex, die Viskosität oder die Wärmeleitfähigkeit.

Hinweis: Der mit der Differentialrechnung weniger vertraute Leser kann beim ersten Durcharbeiten die folgenden Abschnitte 2.2 und 2.3 überspringen und sich im Abschnitt 2.5 dem Teil ideale Flüssigkeiten zuwenden. Das ermöglicht einen schnellen Einstieg in die Hauptsätze der Thermodynamik, für deren Anwendung die Kenntnisse des Zustandsverhaltens benötigt werden.

2.2 Die thermische Zustandsgleichung

Die thermische Zustandsgl.(2.4) einfacher Stoffe, bzw. ihre implizite Form $f(p, v, T) = 0$, sei eine in dem p, T-Bereich

$$\mathcal{B}_T = \{p, T \,|\, p_{min} \leq p \leq p_{max},\ T_{min} \leq T \leq T_{max}\} \tag{2.7}$$

definierte Funktion mit stetigen partiellen Ableitungen bis mindestens zweiter Ordnung. Sie besitzt die drei expliziten Darstellungen:

$$p = p(v, T), \quad v = v(p, T), \quad \text{und} \quad T = T(p, v) \tag{2.8}$$

mit den totalen Differentialen

$$\begin{aligned} \mathrm{d}p(v,T) &= \frac{\partial p}{\partial v}\mathrm{d}v + \frac{\partial p}{\partial T}\mathrm{d}T\,, \quad \mathrm{d}v(p,T) = \frac{\partial v}{\partial p}\mathrm{d}p + \frac{\partial v}{\partial T}\mathrm{d}T\,, \\ \mathrm{d}T(p,v) &= \frac{\partial T}{\partial p}\mathrm{d}p + \frac{\partial T}{\partial v}\mathrm{d}v\,, \end{aligned} \tag{2.9}$$

wobei die partiellen Ableitungen nicht unabhängig voneinander sind. Ersetzen wir z.B. in der ersten Gleichung (2.9) das Differential dv durch die zweite Gleichung, so erhalten wir

$$\begin{aligned} \mathrm{d}p(v,T) &= \frac{\partial p(v,T)}{\partial v}\Big(\frac{\partial v(p,T)}{\partial T}\mathrm{d}T + \frac{\partial v(p,T)}{\partial p}\mathrm{d}p\Big) + \frac{\partial p(v,T)}{\partial T}\mathrm{d}T \\ &= \frac{\partial p(v,T)}{\partial v}\frac{\partial v(p,T)}{\partial p}\mathrm{d}p + \Big(\frac{\partial p(v,T)}{\partial v}\frac{\partial v(p,T)}{\partial T} + \frac{\partial p(v,T)}{\partial T}\Big)\mathrm{d}T\,. \end{aligned} \tag{2.10}$$

Aus dem Vergleich beider Seiten der Gl.(2.10) folgen die Beziehungen:

$$\frac{\partial p(v,T)}{\partial v}\frac{\partial v(p,T)}{\partial p} = 1 \tag{2.11}$$

und

$$\frac{\partial p(v,T)}{\partial v}\frac{\partial v(p,T)}{\partial T} = -\frac{\partial p(v,T)}{\partial T}\,. \tag{2.12}$$

Zwei weitere zu Gl.(2.11) analoge Zusammenhänge ergeben sich durch zyklisches Vertauschen der Variablen zu

$$\frac{\partial p(v,T)}{\partial T}\frac{\partial T(p,v)}{\partial p} = 1 \quad \text{und} \quad \frac{\partial v(p,T)}{\partial T}\frac{\partial T(p,v)}{\partial v} = 1\,. \tag{2.13}$$

Aus diesen Beziehungen folgen direkt

$$\frac{\partial p(v,T)}{\partial v}\frac{\partial v(p,T)}{\partial T}\frac{\partial T(p,v)}{\partial p} = -1\,, \quad \frac{\partial p(v,T)}{\partial T}\frac{\partial T(p,v)}{\partial v}\frac{\partial v(p,T)}{\partial p} = -1\,. \quad (2.14)$$

Für die Beschreibung des thermischen Zustandsverhaltens ist die Kenntnis der unabhängigen partiellen Ableitungen in Gl.(2.9) notwendig. Die diesen entsprechenden physikalisch relevanten Größen sind der

isobare **Volumenausdehnungskoeffizient:** $\beta = \frac{1}{v}\frac{\partial v(p,T)}{\partial T}\,,$ (2.15)

isotherme **Kompressibilitätskoeffizient:** $\chi = -\frac{1}{v}\frac{\partial v(p,T)}{\partial p}\,,$ (2.16)

isochore **Spannungskoeffizient:** $\gamma = \frac{1}{p}\frac{\partial p(v,T)}{\partial T}\,.$ (2.17)

Unter Berücksichtigung der Gln.(2.14), (2.11) und (2.13) erhält man

$$\frac{1}{v}\frac{\partial v(p,T)}{\partial p}\frac{1}{\frac{1}{v}\frac{\partial v(p,T)}{\partial T}}\,p\,\frac{1}{p}\frac{\partial p(v,T)}{\partial T} = -1\,,$$

womit die Koeffizienten nicht unabhängig sind. Es gilt

$$\beta = p\gamma\chi\,. \quad (2.18)$$

Experimentell sind damit zwei Koeffizienten für das jeweilige Stoffsystem zu bestimmen. Beispielweise mißt man für Flüssigkeiten β und χ und berechnet nach Gl.(2.18) den schwierig meßbaren Spannungskoeffizienten γ.
Betrachten wir eine Zustandsänderung, bei der sich β, χ und γ in $\mathcal{B}_T$ nur wenig ändern, so kann man die Funktionen durch Konstanten ersetzen.

2.3 Die energetische Zustandsgleichung

Die Beziehung $u = u(T,v)$ mit dem zugehörigen totalen Differential

$$\mathrm{d}u(T,v) = \frac{\partial u}{\partial T}\,\mathrm{d}T + \frac{\partial u}{\partial v}\,\mathrm{d}v \quad (2.19)$$

haben wir als energetische (kalorische) Zustandsgleichung eingeführt. Analog sind alle weiteren energetischen Größen h, s, f, g nach Gl.(2.6) in Abhängigkeit von zwei Zustandsgrößen darstellbar, z.B. die spezifische Enthalpie

$$h(T,v) = u(T,v) + v\,p(T,v)\,. \quad (2.20)$$

Die zweckmäßige Wahl der betreffenden energetischen Größe und der unabhängigen Variablen ist von der jeweiligen Aufgabenstellung und der dabei auftretenden Zustandsänderung abhängig. Für die Enthalpie ist die Darstellung in Abhängigkeit von p und T

$$\mathrm{d}h(T,p) = \frac{\partial h}{\partial T}\mathrm{d}T + \frac{\partial h}{\partial p}\mathrm{d}p \tag{2.21}$$

üblich. Die partiellen Ableitungen nach der Temperatur in den Gln.(2.19) und (2.21) sind von besonderer Bedeutung. Sie werden als

spezifische Wärmekapazität bei konstantem Volumen $c_v(T,v) = \dfrac{\partial u}{\partial T}$ (2.22)

und als

spezifische Wärmekapazität bei konstantem Druck $c_p(p,T) = \dfrac{\partial h}{\partial T}$ (2.23)

bezeichnet. Die spezifischen **Wärmekapazitäten** sind wie die anderen Differentialquotienten in den Gln.(2.19) und (2.21) experimentell zu bestimmen. Mit der inneren Energie und der Enthalpie stehen damit zwei energetische Zustandsgrößen zur Verfügung, die sich bei isochoren ($v = v_1 = \mathrm{const}$) bzw. isobaren ($p = p_1 = \mathrm{const}$) Prozessen

$$\mathrm{d}u(T,v_1) = c_v(T,v_1)\,\mathrm{d}T\,, \quad \mathrm{d}h(T,p_1) = c_p(T,p_1)\,\mathrm{d}T \tag{2.24}$$

nur in Abhängigkeit der Temperatur ändern. Für die Integration benötigen wir die funktionellen Abhängigkeiten der spezifischen Wärmekapazitäten von der Temperatur, die im Bild 6 prinzipiell dargestellt sind. Bei der Integration der Gln.(2.24) nutzen wir neben vorgegebenen funktionellen Abhängigkeiten

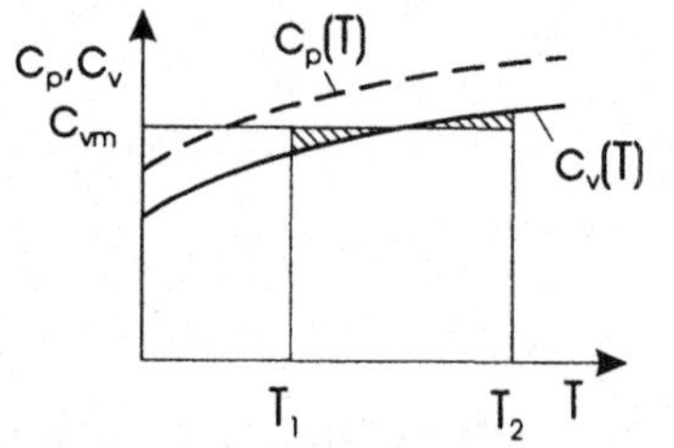

Bild 6 Temperaturabhängigkeit von c_p, c_v

für $c_p(T,p_1)$ und $c_v(T,p_1)$ auch den integralen Mittelwert der Wärmekapazitäten

$$c_{vm} = c_v\Big|_{T_1}^{T_2} = \frac{1}{(T_2-T_1)}\int_{T_1}^{T_2} c_v(T)\,\mathrm{d}T = \frac{1}{(\vartheta_2-\vartheta_1)}\int_{\vartheta_1}^{\vartheta_2} c_v(\vartheta)\,\mathrm{d}\vartheta = c_v\Big|_{\vartheta_1}^{\vartheta_2} \tag{2.25}$$

im Temperaturintervall von T_1 bis T_2 in Kelvin oder von ϑ_1 bis ϑ_2 in Grad Celsius. Der Mittelwert in Gl.(2.25) hängt von zwei veränderlichen Temperaturgrenzen T_1, T_2 ab. Diese Abhängigkeit läßt sich auf eine reduzieren, wenn wir den Mittelwert in Gl.(2.25) durch die Differenz zweier Mittelwerte, die auf die gleiche Temperatur bezogen sind, ersetzen. Häufig wählt man als Bezugstemperatur $\vartheta = 0^oC$. Am Beispiel von c_v erhalten wir

$$\begin{aligned} c_v\Big|_{\vartheta_1}^{\vartheta_2} &= \frac{1}{(\vartheta_2-\vartheta_1)}\Big[\int_0^{\vartheta_2} c_v(\vartheta)\,\mathrm{d}\vartheta - \int_0^{\vartheta_1} c_v(\vartheta)\,\mathrm{d}\vartheta\Big] \\ &= \frac{1}{(\vartheta_2-\vartheta_1)}\Big\{\Big[\frac{1}{(\vartheta_2-0)}\int_0^{\vartheta_2} c_v(\vartheta)\,\mathrm{d}\vartheta\Big]\vartheta_2 - \Big[\frac{1}{(\vartheta_1-0)}\int_0^{\vartheta_1} c_v(\vartheta)\,\mathrm{d}\vartheta\Big]\vartheta_1\Big\}. \end{aligned} \tag{2.26}$$

Auf der rechten Seite dieser Gleichung stehen in den eckigen Klammern die Mittelwerte $c_v\big|_0^{\vartheta_2}$ und $c_v\big|_0^{\vartheta_1}$, die in der Literatur [Au94] für die gebräuchlichen Fluide tabelliert vorliegen. Nach Gl.(2.26) genügt der Mittelwert der Beziehung

$$c_v\Big|_{T_1}^{T_2} = c_v\Big|_{\vartheta_1}^{\vartheta_2} = \frac{1}{(\vartheta_2-\vartheta_1)}\Big(c_v\Big|_0^{\vartheta_2}\vartheta_2 - c_v\Big|_0^{\vartheta_1}\vartheta_1\Big). \tag{2.27}$$

Die Änderung der inneren Energie einer isochoren Zustandsänderung zwischen einem Anfangs- und Endzustand beträgt somit nach den Gln.(2.24) und (2.27)

$$(u_2-u_1)\Big|_{v_1=const} = \int_{T_1}^{T_2} c_v(T,v_1)\,\mathrm{d}T = c_v\Big|_{T_1}^{T_2}(T_2-T_1). \tag{2.28}$$

Mit den Gln.(2.24) lassen sich Differenzen der inneren Energie und der Enthalpie berechnen. Zur Bestimmung absoluter Werte bedarf es der Festlegung von Referenzwerten u_{ref} und h_{ref}. Vereinbaren wir z.B. für die feste Phase eines Stoffes bei ϑ_{ref} und p_{ref} die spezifische Enthalpie zu $h_{ref}(\vartheta_{ref}, p_{ref})$ und betrachten die isobare Wärmezufuhr mit Phasenänderung von $1 \to 6$ im Bild 5, ($p_{ref} = p_1 = \text{const}$), so erhöht sich die Enthalpie entsprechend der Beziehung

$$\begin{aligned} h(T,p_{ref}) = h_{ref}(T_{ref},p_{ref}) &+ \int_{T_{ref}}^{T_{Schmelz}} c_{p,fest}(T)\,\mathrm{d}T + \Delta h_{Schmelz} \\ &+ \int_{T_{Schmelz}}^{T_{Verd}} c_{p,fl}(T)\,\mathrm{d}T + \Delta h_{Verd} + \int_{T_{Verd}}^{T} c_{p,Gas}(T)\,\mathrm{d}T. \end{aligned} \tag{2.29}$$

Die isobare Enthalpieänderung in Abhängigkeit von der Temperatur zeigt Bild 7. Da wir die Phasenumwandlung bei konstantem Druck betrachten, sind

Schmelz- und Verdampfungstemperatur ($T_{Schmelz}, T_{Verd}$) konstant. Die jeweiligen **Phasenumwandlungsenthalpien** $\Delta h_{Schmelz}$ und Δh_{Verd} sind bei $p_{ref} = p_1 = \text{const}$ nur von der Phasenumwandlungstemperatur abhängig. Auch die Wärmekapazitäten hängen bei dem isobaren Prozeß nur von der Temperatur ab.

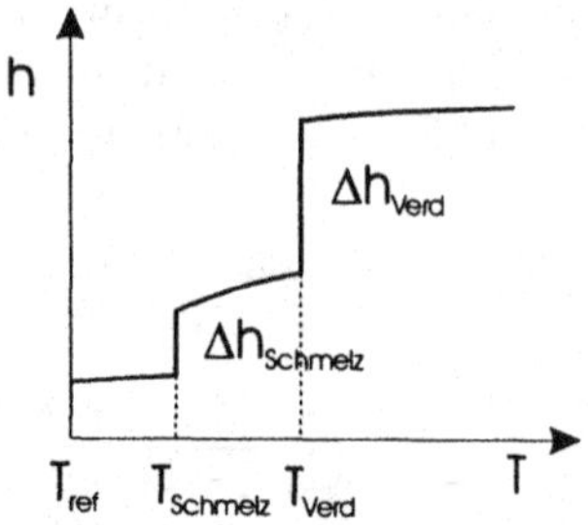

Bild 7 Enthalpieänderung bei isobarer Erwärmung mit Phasenumwandlung

Wir betrachten nun den allgemeinen Fall einer Zustandsänderung, bei der sich neben der Temperatur auch der Druck und das spezifische Volumen ändern. Bei der Bestimmung der Änderung der inneren Energie oder der Enthalpie müssen wir von den vollständigen Gln.(2.19) und (2.21) ausgehen. So gilt für die Änderung der inneren Energie

$$u_2(T_2, v_2) - u_1(T_1, v_1) = \int_{T_1}^{T_2} c_v(T, v_1)\,\mathrm{d}T + \int_{v_1}^{v_2} \frac{\partial u(T_2, v)}{\partial v}\,\mathrm{d}v\,. \tag{2.30}$$

In Gl.(2.30) haben wir die Integration nicht längs des Prozeßweges P, sondern längs des Weges a gemäß Bild 8, ausgeführt.

Diese Vorgehensweise ist zulässig, da die innere Energie eine Zustandsgröße ist. Das Ergebnis der Gl.(2.30) ist nur vom Anfangs- und Endzustand abhängig, nicht aber vom Integrationsweg zwischen diesen Zuständen. Man wählt daher zweckmäßig als

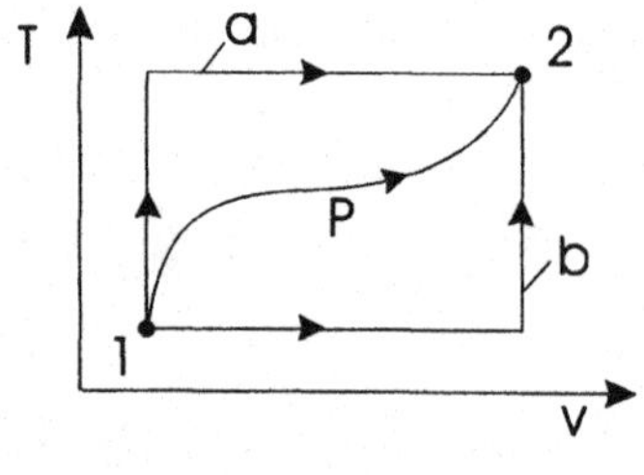

Bild 8 Wahl des Integrationsweges

Integrationsweg einen der beiden Wege a oder b, auf deren Teilstrecken die Temperatur oder das spezifische Volumen konstant sind. Die Differentialquotienten $\partial u(T, v)/\partial v$ und $\partial h(p, T)/\partial p$ bestimmt man experimentell. Hierbei stellt sich die Frage nach der Unabhängigkeit der einzelnen Ausdrücke. Unter Verwendung der im Abschnitt 3.6 dargestellten **Fundamentalgleichungen** und der **Maxwell-Relationen** gelten zwischen den partiellen Ableitungen folgende

Zusammenhänge:

$$\begin{aligned}
\frac{\partial u(v,T)}{\partial v} &= T\frac{\partial p(v,T)}{\partial T} - p &&= p(T\gamma - 1)\,,\\
\frac{\partial h(p,T)}{\partial p} &= -T\frac{\partial v(p,T)}{\partial T} + v &&= v(1 - T\beta)\,,\\
\frac{\partial}{\partial v}\Big(\frac{c_v(v,T)}{T}\Big) &= \frac{\partial}{\partial T}\Big(\frac{\partial p(v,T)}{\partial T}\Big) &&= \frac{\partial}{\partial T}(p\gamma)\,,\\
\frac{\partial}{\partial p}\Big(\frac{c_p(p,T)}{T}\Big) &= -\frac{\partial}{\partial T}\Big(\frac{\partial v(p,T)}{\partial T}\Big) &&= -\frac{\partial}{\partial T}(v\beta)\,,\\
c_p - c_v &= -T\Big(\frac{\partial v(p,T)}{\partial T}\Big)^2 \frac{1}{\frac{\partial v(p,T)}{\partial p}} &&= T\,v\,\frac{\beta^2}{\chi} \geq 0\,.
\end{aligned} \tag{2.31}$$

Die letzte Gleichung gilt nicht für $\chi = 0$ und bei Annäherung an den absoluten Nullpunkt. Diese Relationen erlauben nun folgende wichtige Aussage:

Das Zustandsverhalten eines Fluides (Stoffes) läßt sich vollständig beschreiben, wenn die thermische Zustandsgleichung $p = p(v,T)$ bzw. $v = v(p,T)$ einschließlich ihrer partiellen Ableitungen bis zur 2. Ordnung bekannt ist (experimentell bestimmt wurde) und die spezifische Wärmekapazität $c_v(T, v_1)$ oder $c_p(p_1, T)$ auf einer Isochoren (v_1 =const) bzw. auf einer Isobaren (p_1 =const) in Abhängigkeit der Temperatur gemessen wurde.

Wie wir unmittelbar erkennen, ergibt sich $\partial u(v,T)/\partial v$ aus $p = p(v,T)$ und $\partial p(v,T)/\partial T$ nach Gl.(2.31). Mit Gl.(2.30) erhalten wir die Differenz der inneren Energie. In gleicher Weise läßt sich mittels der thermischen Zustandsgleichung $v = v(p,T)$ und $\partial v(p,T)/\partial T$ nach Gl.(2.31) $\partial h(p,T)/\partial p$ angeben. Die Differenz der Enthalpie beträgt nach Gl.(2.21) dann

$$h(T_2,p_2) - h(T_1,p_1) = \int_{T_1}^{T_2} c_p(p_2,T)\,\mathrm{d}T + \int_{p_1}^{p_2} \frac{\partial h(p,T_1)}{\partial p}\,\mathrm{d}p\,. \tag{2.32}$$

Die energetischen Zustandsgln.(2.19) und (2.21) lassen sich allgemein mit den Gln.(2.31) auch in der Gestalt schreiben:

$$\begin{aligned}
\mathrm{d}u &= c_v(T,v)\,\mathrm{d}T + p\big[T\,\gamma(T,v) - 1\big]\,\mathrm{d}v\,,\\
\mathrm{d}h &= c_p(p,T)\,\mathrm{d}T + v(p,T)\big[1 - T\,\beta(p,T)\big]\,\mathrm{d}p\,.
\end{aligned} \tag{2.33}$$

2.4 Ideale Gase

Das Zustandsverhalten von Gasen läßt sich im Vergleich zu Flüssigkeiten und Festkörpern einfacher beschreiben. Alle realen Gase nähern sich bei kleinen

Drücken $p \to 0$ einem Zustand, in dem sie als **ideale** Gase[3] betrachtet werden können. Die thermische Zustandsgleichung der idealen Gase basiert auf der Verknüpfung der Gesetze von Gay-Lussac und Boyle-Mariotte [El93]. Ist μ die Teilchenmasse (Molekülmasse) und $M = n\,\mu$ die Masse aller betrachteten n Teilchen, so lautet die **thermische Zustandsgleichung** des idealen Gases

$$pV = n\,\mu\,RT = M\,RT \quad \text{bzw.} \quad pv = RT \quad \text{oder} \quad p = \rho RT\,. \qquad (2.34)$$

Hierbei ist R die spezielle Gaskonstante, die von der Art des betrachteten Gases abhängt. Beispielsweise beträgt für Luft die Gaskonstante $R = 287.1$ J/(kg K). Sie wird durch Messung bestimmt. Die Existenz einer universellen Konstanten folgt aus dem

Satz 2.1 Gesetz von Avogadro: *Alle idealen Gase enthalten bei gleichem Druck und gleicher Temperatur in gleichen Volumina die gleiche Anzahl n von Molekülen bzw. Atomen.*

Entsprechend Gl.(2.34) ist μR damit unabhängig von der Art des Gases. Da die Teilchenzahl n eine relativ große Zahl ist, ist μR eine entsprechend kleine Zahl. Man hat daher das Verhältnis

$$N = \frac{n}{N_L} \quad \text{in} \quad \text{kmol} \qquad (2.35)$$

als **Molmenge** eingeführt. In Gl.(2.35) ist $N_L = 6.02217 \cdot 10^{26}$ /(kmol) die Loschmidt-Konstante, auch Avogadro-Konstante genannt. Sie kennzeichnet die Anzahl der Atome (Moleküle bzw. Elementarteilchen), die in 12 kg des Kohlenstoffisotops ^{12}C enthalten sind. N_L ist also eine Bezugsteilchenzahl pro 1 kmol. Mit der Molzahl N kann man für die Gasmasse $M = n\,\mu = N\,N_L\,\mu$ schreiben. Das Verhältnis $M/N = N_L\mu = \tilde{M}$ ist die **Molmasse** in kg/kmol.
Da einerseits $\mu R = k_B$ eine Konstante[4] ist und andererseits $\mu = \tilde{M}/N_L$ gilt, muß nach $\mu R = \tilde{M}R/N_L$ auch $\tilde{M}R = \tilde{R}$ eine universelle Konstante sein. Damit erhalten wir für die thermische Zustandsgleichung

$$pV = M\,RT = N\,\tilde{M}\,RT = N\,\tilde{R}T = n\,k_B\,T \quad \text{bzw.} \quad p\tilde{v} = \tilde{R}T\,. \qquad (2.36)$$

Entsprechend der Definition einer molaren Größe ist $\tilde{v} = V/N$ in $m^3/(kmol)$ das molare Volumen, bzw. das **Molvolumen**, das ebenfalls unabhängig von

[3] Nach der kinetischen Gastheorie sind in der Modellvorstellung des idealen Gases das Eigenvolumen der Moleküle und die zwischenmolekularen Kräfte vernachlässigbar.

[4] k_B ist die Boltzmann-Konstante, die unter anderem in der statistischen Thermodynamik von Bedeutung ist.

der Gasart ist. Nach neuesten Messungen hat das Molvolumen des idealen Gases im Normzustand den Wert $\tilde{v} = 22.414\,\mathrm{m^3/kmol}$. Über den Normzustand (Def.1.5) läßt sich nach Gl.(2.36) die universelle oder molare Gaskonstante zu $\tilde{R} = 8314.41\,\mathrm{J/(kmol\,K)}$ bestimmen.

Beispiel 2:

Bestimmen Sie die Dichte von Kohlendioxid (CO_2) im Normzustand! Die Gaskonstante ist $R = 189$ J/(kg K).

Lösung: Man hat die thermische Zustandsgleichung im Normzustand anzuwenden und nach der Dichte umzustellen:

$$\rho_n = \frac{p_n}{RT_n} = \frac{1.01325 \cdot 10^5}{189 \cdot 273.15} = 1.963\,\mathrm{kg/m^3}\,. \quad \blacksquare$$

Beispiel 3:

Luft ($\tilde{M} = 28.97\,\mathrm{kg/kmol}$) mit einer Masse von $M = 1.2$ kg nimmt bei einem Druck von $p = 3$ MPa einen Raum von $V = 0.08\,\mathrm{m^3}$ ein. Wie groß sind die Temperatur T, das spezifische Volumen v, die spezielle Gaskonstante R und das Molvolumen $\tilde{v}$?

Lösung: Die spezielle Gaskonstante ist $R = \frac{\tilde{R}}{\tilde{M}} = \frac{8314}{28.97} = 287\,\mathrm{J/(kgK)}$. Die Temperatur der Luft ergibt sich aus Gl.(2.34) zu

$$T = \frac{pV}{MR} = \frac{3 \cdot 10^6 \cdot 0.08}{1.2 \cdot 287} = 697\,\mathrm{K}\,.$$

Das spezifische Volumen ist $v = \frac{V}{M} = \frac{0.08}{1.2} = 0.06667\,\mathrm{m^3/kg}$. Das Molvolumen erhalten wir aus Gl.(2.36) zu

$$\tilde{v} = \frac{\tilde{R}T}{p} = \frac{8314 \cdot 696.86}{3 \cdot 10^6} = 1.931\,\mathrm{m^3/kmol}\,. \quad \blacksquare$$

Ausgehend von der thermischen Zustandsgleichung des idealen Gases $p = RT/v$ läßt sich die allgemeine **energetische Zustandsgleichung** (2.19) mit den Beziehungen (2.31)

$$\begin{aligned} \frac{\partial p(T,v)}{\partial T} &= \frac{R}{v}\,; & \frac{\partial u(T,v)}{\partial v} &= T\frac{\partial p(T,v)}{\partial T} - p = \frac{TR}{v} - p = 0\,, \\ \frac{\partial^2 p(T,v)}{\partial T^2} &= 0\,; & \frac{\partial c_v(v,T)}{\partial v} &= T\frac{\partial^2 p(v,T)}{\partial T^2} = 0 \end{aligned} \tag{2.37}$$

wie folgt vereinfachen

$$du(T) = c_v(T)\,\mathrm{d}T \quad \text{bzw.} \quad d\tilde{u}(T) = \tilde{c}_v(T)\,\mathrm{d}T\,. \tag{2.38}$$

Die innere Energie idealer Gase ist damit nur von der Temperatur abhängig und nicht vom Druck oder dem spezifischen Volumen. Diese Aussage wurde bereits von Gay-Lussac (1806) und Joule (1848) im Ergebnis ihrer klassischen Überströmversuche formuliert. Bei einatomigen Gasen (z.B. He, Ar) sind die Wärmekapazitäten nahezu konstant, und auch bei zweiatomigen Gasen ändern sie sich in Abhängigkeit von der Temperatur nur wenig. Näherungsweise kann mit folgenden molaren Werten gerechnet werden:

$$\begin{aligned} \text{einatomige Gase (Ar, He)}: &\quad \tilde{c}_v = \tilde{M}\, c_v = 12.6\,\mathrm{kJ/(kmol\,K)}\,, \\ \text{zweiatomige Gase}(\mathrm{N_2, O_2, H_2}, \cdots): &\quad \tilde{c}_v = \tilde{M}\, c_v = 20.9\,\mathrm{kJ/(kmol\,K)}\,. \end{aligned} \tag{2.39}$$

Bei mehratomigen Gasen $(CO_2, H_2O, NH_3, \cdots)$ treten z.T. deutliche Änderungen der Wärmekapazitäten mit der Temperatur auf, die man häufig mit Ansätzen in der Form

$$c_v = a + b\,T + c\,T^2 \tag{2.40}$$

beschreibt. Zweckmäßig rechnet man mit Mittelwerten $c_v\big|_{T_1}^{T_2}$ gemäß der Gln.(2.25) und (2.27) bzw. in engen Bereichen der Temperatur mit konstanten Werten. Für die innere Energie erhält man

$$u_2 - u_1 = \int_{T_1}^{T_2} c_v(T)\,\mathrm{d}T = c_v\big|_{T_1}^{T_2}(T_2 - T_1) \quad \text{bzw.} \quad u_2 - u_1 = c_v(T_2 - T_1)\,. \tag{2.41}$$

Für ideale Gase ist auch die Enthalpie eine reine Temperaturfunktion[5]:

$$\mathrm{d}h(T) = \mathrm{d}u + \mathrm{d}(pv) = \big(c_v(T) + R\big)\mathrm{d}T = c_p(T)\,\mathrm{d}T\,. \tag{2.42}$$

Zwischen den spezifischen Wärmekapazitäten idealer Gase c_p und c_v besteht der von Robert Mayer angegebene Zusammenhang

$$c_p(T) - c_v(T) = R, \qquad \varkappa(T) = \frac{c_p}{c_v} = \frac{\tilde{c}_p}{\tilde{c}_v} = 1 + \frac{R}{c_v} = 1 + \frac{\tilde{R}}{\tilde{c}_v}\,. \tag{2.43}$$

Für das Verhältnis der spezifischen Wärmekapazitäten $\varkappa$ gilt näherungsweise:

$$\begin{aligned} \text{einatomige Gase} \quad \varkappa &= \frac{c_p}{c_v} \approx 1 + \frac{8314}{12600} = 1.66\,, \\ \text{zweiatomige Gase} \quad \varkappa &= \frac{c_p}{c_v} \approx 1 + \frac{8314}{20900} = 1.40\,. \end{aligned} \tag{2.44}$$

[5]Das folgt auch aus Gl.(2.31), da mit $\beta = 1/T$ (siehe Beispiel 4) der Differentialquotient $\partial h(p,T)/\partial p = v(1 - T\beta) = 0$ ist.

Eine Reihe technisch wichtiger Gase, insbesondere die bei tiefen Temperaturen verflüssigbaren Gase ($He, H_2, N_2, O_2 \cdots$), lassen sich durch die Zustandsgleichungen des idealen Gases ausreichend genau in einem weiten Druck- und Temperaturbereich beschreiben. Ideale Gase, für die konstante Werte der spezifischen Wärmekapazitäten vorausgesetzt werden, sollen im weiteren als **perfekte Gase** bezeichnet werden.

Beispiel 4:
Bestimmen Sie für ein ideales Gas den thermischen Ausdehnungskoeffizienten β, den isothermen Kompressibilitätskoeffizienten χ, und bestätigen Sie die Gl.(2.43)!

Lösung: Nach den Gln.(2.15), (2.16) und (2.31) ist:

$$\beta = \frac{1}{v}\frac{\partial v}{\partial T} = \frac{1}{v}\frac{\partial(\frac{RT}{p})}{\partial T} = \frac{R}{pv} = \frac{1}{T},$$

$$\chi = -\frac{1}{v}\frac{\partial v}{\partial p} = -\frac{1}{v}\frac{\partial(\frac{RT}{p})}{\partial p} = \frac{RT}{vp^2} = \frac{1}{p}, \tag{2.45}$$

$$c_p - c_v = T\,v\,\frac{\beta^2}{\chi} = R. \quad \blacksquare$$

Beispiel 5:
Für Kohlendioxid (CO_2) mit der Molmasse $\tilde{M} = 44$ kg/kmol gilt für kleine Drücke und Temperaturen 223 K $\leq T \leq$ 773 K die Gleichung für die spezifische Wärmekapazität $c_p = a + bT + cT^2$ in kJ/(kg K) mit $a = 5.274 \cdot 10^{-1}$kJ/(kg K), $b = 1.262 \cdot 10^{-3}$kJ/(kg K^2), $c = -5.774 \cdot 10^{-7}$kJ/(kg K^3), wobei T in K einzusetzen ist. Bestimmen Sie die mittleren Wärmekapazitäten $c_p\big|_{0^\circ C}^{50^\circ C}$, $c_p\big|_{0^\circ C}^{150^\circ C}$, $c_p\big|_{50^\circ C}^{150^\circ C}$ sowie $\tilde{c}_p\big|_{50^\circ C}^{150^\circ C}$ und $c_v\big|_{50^\circ C}^{150^\circ C}$!

Lösung: Die Enthalpieänderung beträgt zunächst ganz allgemein bei konstantem Druck:

$$h_2 - h_1 = \int_{T_1}^{T_2} c_p(T)\mathrm{d}T = a(T_2 - T_1) + \frac{b}{2}(T_2^2 - T_1^2) + \frac{c}{3}(T_2^3 - T_1^3) = c_p\Big|_{T_1}^{T_2}(T_2 - T_1).$$

Im einzelnen bestimmen wir

$$c_p\Big|_{0^\circ C}^{50^\circ C} = \frac{1}{50}[h(323K) - h(273K)] = 0.852\,\mathrm{kJ/(kg\,K)},$$
$$c_p\Big|_{0^\circ C}^{150^\circ C} = 0.896\,\mathrm{kJ/(kg\,K)}$$

und

$$c_p\Big|_{50^\circ C}^{150^\circ C} = \frac{1}{100}[h(423) - h(373)] = \frac{1}{100}\left(c_p\Big|_{0^\circ C}^{150^\circ C}150 - c_p\Big|_{0^\circ C}^{50^\circ C}50\right) = 0.917\,\mathrm{kJ/(kg\,K)}.$$

Die molare Wärmekapazität ist $\tilde{c}_p\Big|_{50^oC}^{150^oC} = \tilde{M}\, c_p\Big|_{50^oC}^{150^oC} = 40.36\,\mathrm{kJ/(kmol\,K)}$. Schließlich gilt nach Gl.(2.43)

$$c_v\Big|_{50^oC}^{150^oC} = c_p\Big|_{50^oC}^{150^oC} - \frac{\tilde{R}}{\tilde{M}} = 0.728\,\mathrm{kJ/(kg\,K)}\,. \quad \blacksquare$$

2.5 Reale Gase

Die Beschreibung des Zustandsverhaltens realer Gase ist stark vom jeweiligen Gas abhängig. Quantitative Aussagen gewinnt man nur über das Experiment. Für viele technisch wichtige Gase liegen entsprechende Ergebnisse in Form von Tabellen, Diagrammen, Zustandsgleichungen und Berechnungssoftware vor.
Die Abweichungen vom Zustandsverhalten der idealen Gase, die insbesondere aus der Wirkung der intermolekularen Kraftfelder resultieren, nehmen mit wachsendem Druck und bei konstantem Druck mit sinkender Temperatur zu, Bild 9. Das reale Verhalten eines Gases berücksichtigt man in der Zustandsgl.(2.34) durch den **Realgasfaktor**

$$Z = \frac{p\,v}{RT}, \tag{2.46}$$

der eine Funktion von p, T ist [Ri96].

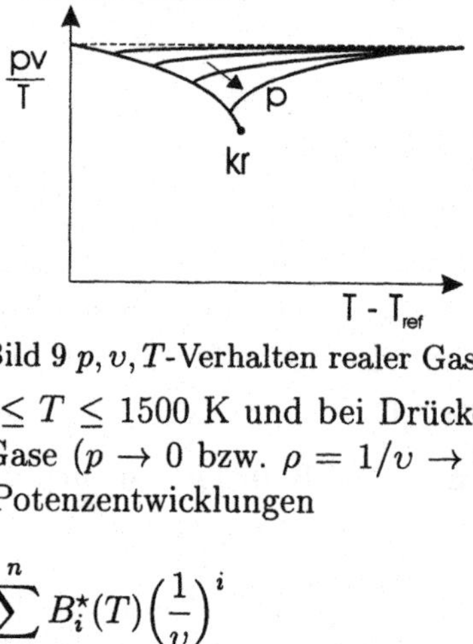

Bild 9 p, v, T-Verhalten realer Gase

Beispielsweise gilt für Luft im Bereich 300 K $\leq T \leq$ 1500 K und bei Drücken bis zu 10 MPa $0.98 < Z < 1.05$. Für ideale Gase ($p \to 0$ bzw. $\rho = 1/v \to 0$) nimmt Z den Wert 1 an. Für Z sind deshalb Potenzentwicklungen

$$Z = 1 + \sum_{i=1}^{n} B_i(T)\, p^i = 1 + \sum_{i=1}^{n} B_i^\star(T) \left(\frac{1}{v}\right)^i$$

um $p = 0$ bzw. $1/v = 0$ gebräuchlich (Virialform der Zustandsgleichung).
In der Literatur findet man zahlreiche Vorschläge für Zustandsgleichungen, die von relativ einfachen Beziehungen bis zu komplizierten Gleichungen mit einer Vielzahl von Parametern reichen.
Wir beschränken uns hier auf die **van der Waals-Gleichung**

$$\left(p + \frac{a}{v^2}\right)(v - b) = RT\,, \tag{2.47}$$

eine der ersten Gleichungen zur Beschreibung des realen Verhaltens. Trotz ihres einfachen Aufbaues beschreibt sie das thermische Zustandsverhalten realer Gase qualitativ befriedigend. In Gl.(2.47) berücksichtigt b das Eigenvolumen der Moleküle, durch das der für die thermische Bewegung zur Verfügung stehende Raum verringert wird. Der Term a/v^2 berücksichtigt die Wirkung der zwischenmolekularen Kräfte, die von der Gasdichte abhängig sind. Für großes v geht die Gl.(2.47) in die thermische Zustandsgleichung idealer Gase über. Von der van der Waals-Gleichung hat man weitere dreiparametrige Gleichungen, wie die Redlich-Kwong-Gleichung, abgeleitet, die ähnliche Eigenschaften besitzen. Prinzipiell beschreibt Gl.(2.47) auch das Zustandsverhalten in der flüssigen Phase qualitativ richtig. Der Realgasfaktor beträgt für ein van der Waals-Gas

$$Z(v,T) = \frac{p\,v}{R\,T} = \frac{v}{v-b} - \frac{a}{R\,T\,v}\,. \tag{2.48}$$

Mit konstanten Werten für a und b kann man das Zustandsverhalten des Fluides nicht im gesamten interessierenden Bereich $\mathcal{B}_T$ beschreiben. Gute Ergebnisse erhält man durch eine abschnittsweise Anpassung der Konstanten an die experimentellen Daten. Die Kostanten a und b kann man auch näherungsweise bestimmen. Hierfür nutzt man die Bedingungen

$$\left.\frac{\partial p(v,T)}{\partial v}\right|_{kr} = 0\,, \qquad \left.\frac{\partial^2 p(v,T)}{\partial v^2}\right|_{kr} = 0 \tag{2.49}$$

für den Wendepunkt der kritischen Isothermen, Bild 5. Mit den auf diese Weise ermittelten Konstanten $a = \frac{9}{8}R\,T_{kr}v_{kr} = 3p_{kr}v_{kr}^2$ und $b = v_{kr}/3$ ergibt sich der Realgasfaktor im kritischen Punkt nach Gl.(2.48) zu $Z_{kr} = 3/8 = 0.375$. Das ist nur eine grobe Näherung, denn die Realgasfaktoren Z_{kr} der meisten Gase liegen zwischen $0.23 \cdots 0.33$.

Mit den partiellen Ableitungen und den Gln.(2.31)

$$\begin{aligned} \frac{\partial p(v,T)}{\partial T} &= \frac{R}{v-b}\,; & \frac{\partial u(v,T)}{\partial v} &= T\frac{\partial p(v,T)}{\partial T} - p = \frac{RT}{v-b} - p = \frac{a}{v^2}\,, \\ \frac{\partial^2 p(v,T)}{\partial T^2} &= 0\,; & \frac{\partial c_v(v,T)}{\partial v} &= T\frac{\partial^2 p(v,T)}{\partial T^2} = 0 \end{aligned} \tag{2.50}$$

erhalten wir, analog zum Vorgehen bei idealen Gasen, die **energetische Zustandsgleichung**

$$\mathrm{d}u(v,T) = c_v(T)\,\mathrm{d}T + \frac{a}{v^2}\mathrm{d}v\,. \tag{2.51}$$

Im Unterschied zu den idealen Gasen ist die innere Energie realer Gase von der Temperatur und dem spezifischen Volumen abhängig. Ebenso ist die Enthalpie eine Funktion der Temperatur und des Druckes.

2.6 Inkompressible und schwach kompressible Fluide

Bei Festkörpern und Flüssigkeiten hängt das spezifische Volumen, insbesondere bei niedrigen Drücken, nur schwach vom Druck und der Temperatur ab, so daß sich vereinfachte Beziehungen für die Zustandsgleichungen dieser Stoffe ergeben. Für Flüssigkeiten unterscheidet man die folgenden Näherungen:

Ideale Flüssigkeiten

Ein Fluid verhält sich wie eine ideale Flüssigkeit, wenn in $\mathcal{B}_T$ näherungsweise $\partial v/\partial T = 0$ und $\partial v/\partial p = 0$ sind. Damit werden β und χ Null, und es ist

$$v = \frac{1}{\rho} = \text{const} \quad \text{bzw.} \quad \mathrm{d}v = 0\,. \tag{2.52}$$

Ein Zusammenhang zwischen p, v, und T existiert nicht. Die innere Energie

$$\mathrm{d}u(T) = c_v(T)\,\mathrm{d}T \tag{2.53}$$

hängt nur von der Temperatur ab. Für die Enthalpie folgt aus Gl.(2.33)

$$\mathrm{d}h(T,p) = c_p\,\mathrm{d}T + v\,\mathrm{d}p\,. \tag{2.54}$$

Da entsprechend der Definitionsgl.(2.6) der Enthalpie diese auch mit Hilfe der inneren Energie berechnet werden kann,

$$\mathrm{d}h(T,p) = \mathrm{d}u + \mathrm{d}(p\,v) = c_v\,\mathrm{d}T + v\,\mathrm{d}p\,, \tag{2.55}$$

folgt aus dem Vergleich mit Gl.(2.54)

$$c_p = c_v = c_{fl}(T)\,. \tag{2.56}$$

Inkompressible Flüssigkeiten

Berücksichtigt man die thermische Volumenausdehnung $\partial v/\partial T$ und vernachlässigt die Kompressibilität $\partial v/\partial p = 0$, so ist das spezifische Volumen nur eine Funktion der Temperatur

$$v = v(T) \quad \text{bzw.} \quad \mathrm{d}v = v\,\beta\,\mathrm{d}T\,. \tag{2.57}$$

Ebenso gilt für die innere Energie

$$u(T, v(T)) = u(T) \quad \text{bzw.} \quad \mathrm{d}u = c_v(T)\,\mathrm{d}T\,. \tag{2.58}$$

Dagegen ist die Enthalpie von Temperatur und Druck abhängig, Gl.(2.33),

$$\mathrm{d}h(p,T) = c_p(p,T)\,\mathrm{d}T + v(T)\big[1 - T\,\beta(T)\big]\,\mathrm{d}p\,. \tag{2.59}$$

Zweckmäßiger ist in diesem Fall die Berechnung mit Hilfe der Definitionsgl.(2.6)

$$\begin{aligned} \mathrm{d}h &= \mathrm{d}u + \mathrm{d}(p\,v) = c_v(T)\,\mathrm{d}T + v\,\mathrm{d}p + p\,v\,\beta(T)\,\mathrm{d}T\,, \\ \mathrm{d}h &= \big(c_v + p\,v\,\beta\big)\,\mathrm{d}T + v\,\mathrm{d}p\,. \end{aligned} \tag{2.60}$$

Schwach kompressible Flüssigkeiten

Die thermische Zustandsgleichung (2.8) lautet unter Verwendung des Ausdehnungskoeffizienten β und des isothermen Kompressibilitätskoeffizienten χ in differentieller Form

$$\mathrm{d}v(p,T) = \frac{\partial v}{\partial T}\mathrm{d}T + \frac{\partial v}{\partial p}\mathrm{d}p = v\big(\beta\,\mathrm{d}T - \chi\,\mathrm{d}p\big)\,. \tag{2.61}$$

Ihr Integral ist

$$\int_{v_1}^{v_2} \frac{\mathrm{d}v}{v} = \ln\Big(\frac{v_2}{v_1}\Big) = \int_{T_1}^{T_2} \beta(T,p_1)\,\mathrm{d}T - \int_{p_1}^{p_2} \chi(T_2,p)\,\mathrm{d}p\,, \tag{2.62}$$

wobei wir von der Wegunabhängigkeit des Integranden Gebrauch machen. Weiterhin gelten die energetischen Zustandsgln.(2.33) in ihrer allgemeinen Form. Ist in $\mathcal{B}_T$ die Zustandsänderung so geartet, daß β, χ und die spezifischen Wärmekapazitäten c_p, c_v als Konstanten betrachtet werden können, dann läßt sich die Zustandsfläche $v = v(p,T)$ durch ihre Tangentialebene

$$v(p,T) = v_0 + v_0\big[\beta(p_0,T_0)\big(T - T_0\big) - \chi(p_0,T_0)\big(p - p_0\big)\big] \tag{2.63}$$

ersetzen. Für die energetischen Gleichungen gilt dann näherungsweise

$$\begin{aligned} u(v,T) &= u_0 + c_v(v_0,T_0)\big(T - T_0\big) + p_0\big(T_0\,\gamma(T_0,v_0) - 1\big)\big(v - v_0\big)\,, \\ h(p,T) &= h_0 + c_p(p_0,T_0)\big(T - T_0\big) + v_0\big(1 - T_0\,\beta(p_0,T_0)\big)\big(p - p_0\big)\,. \end{aligned} \tag{2.64}$$

In diesem Fall spricht man von einem schwach kompressiblen Fluid.

Beispiel 6:

Die Flüssigkeitssäule eines Thermometers erreicht bei $\vartheta_0 = 40\,{}^\circ\mathrm{C}$ das Skalenende. Bei weiterer Erwärmung vollzieht sich eine isochore Zustandsänderung in der Kapillare. Welche Druckerhöhung tritt bei einer Temperaturerhöhung von $\Delta\vartheta = 1\,K$ für die folgenden Flüssigkeiten [Au94] auf?

$$\begin{aligned} \text{Quecksilber:}\quad \beta &= 0.182\cdot 10^{-3}\,\mathrm{K}^{-1}\,, & \chi &= 3.859\cdot 10^{-11}\,\mathrm{Pa}^{-1}\,, \\ \text{Wasser:}\quad \beta &= 0.385\cdot 10^{-3}\,\mathrm{K}^{-1}\,, & \chi &= 46.3\cdot 10^{-11}\,\mathrm{Pa}^{-1}\,. \end{aligned}$$

Lösung: Für eine differentielle Druckänderung ist

$$\mathrm{d}p(v,T) = \frac{\partial p}{\partial v}\mathrm{d}v + \frac{\partial p}{\partial T}\mathrm{d}T = p\,\gamma\,\mathrm{d}T = \frac{\beta}{\chi}\,\mathrm{d}T\,.$$

Die Integration dieser Gleichung ergibt die gesuchte Druckerhöhung

$$p_2 - p_1 = \int_{T_1}^{T_2} \frac{\beta}{\chi}\,\mathrm{d}T = \frac{\beta}{\chi}(T_2 - T_1)\,.$$

Im speziellen Fall erhalten wir für die gegebenen Stoffe:

$$\Delta p_{Hg} = 47.2 \cdot 10^5\,\mathrm{Pa}\,, \quad \text{und} \quad \Delta p_{H_2O} = 8.3 \cdot 10^5\,\mathrm{Pa}\,. \quad \blacksquare$$

Beispiel 7:
Welche Druckerhöhung ist notwendig, um in der flüssigen Phase von Wasser (ideale Flüssigkeit) die gleiche Enthalpieänderung zu erzielen, die durch eine Temperaturerhöhung um 1 K bewirkt wird? Vereinfachend kann mit konstanten $\rho = 10^3\,\mathrm{kg/m^3}$ und $c_p = c_v = c_{fl} = 4190\,\mathrm{J/(kg\,K)}$ gerechnet werden.

Lösung: Das Differential der Enthalpie, Gl.(2.55), $\mathrm{d}h(p,T) = \mathrm{d}u + \mathrm{d}(pv) = c_v\,\mathrm{d}T + \frac{1}{\rho}\,\mathrm{d}p$ besteht aus einem Term, der die Temperaturänderung beschreibt, und einem Term, der die Druckänderung berücksichtigt. Aus $\Delta h = c_v\,\Delta T + \frac{1}{\rho}\Delta p = \Delta h_T + \Delta h_p$ folgt für $\Delta h_p = \Delta h_T$ der Quotient $\Delta p/\Delta T = \rho\,c_v = 41.9 \cdot 10^5\,\mathrm{Pa/K}$. ■

2.7 Mischungen idealer Gase

Besteht das System aus mehreren Komponenten, so erhöht sich die Zahl der Freiheitsgrade. Zur Kennzeichnung des Zustandes werden **Konzentrationsvariable** benötigt. Man benutzt im allgemeinen

$$\text{den Massenanteil} \quad y_i = \frac{M_i}{M}\,, \quad \text{den Molanteil} \quad \tilde{y}_i = \frac{N_i}{N} \quad \text{und}$$
$$\text{den Volumenanteil} \quad r_i = \frac{V_i}{V}\,. \tag{2.65}$$

Auf Grund der Erhaltung der Masse muß $M = \sum M_i$ bzw. $N = \sum N_i$ und damit $\sum y_i = 1$ bzw. $\sum \tilde{y}_i = 1$ gelten.

Finden keine chemischen Reaktionen zwischen den Gaskomponenten statt und bilden diese ein homogenes Gemisch, so bleibt die Zusammensetzung der Mischung konstant. Das System verhält sich dann wie ein einfaches thermodynamisches System.

Wir betrachten bei der Temperatur T und dem Druck p ein Gasgemisch der Masse M, das aus l Komponenten idealer Gase der Massen M_i, $i \in [1, l]$ besteht.

Das Gemisch nimmt dabei das Volumen V ein. Nach dem Gesetz von Avogadro ist das von einem Mol eines idealen Gases bei gegebenem Druck und gegebener Temperatur p, T eingenommene Volumen unabhängig von der Gasart. Es gilt damit

$$\tilde{v}_i = \tilde{v} = \frac{V_i}{N_i} = \frac{V}{N}, \quad \text{was} \quad \left\{ \begin{array}{rcl} r_i & = & \tilde{y}_i \\ V & = & \sum V_i \,, \\ \sum r_i & = & 1 \end{array} \right. \quad \forall \quad i \in [1, l] \tag{2.66}$$

zur Folge hat. Wir stellen uns nun vor, daß die i-te Gaskomponente bei p und T das Volumen $V_i \subset V$ einnimmt. Dann ergibt sich mit $V = \sum V_i$ aus der thermischen Zustandsgleichung der i-ten Gaskomponente

$$p V_i = M_i R_i T = N_i \tilde{M}_i R_i T = N_i \tilde{R} T \tag{2.67}$$

nach Summation über alle i die thermische Zustandsgleichung des Gemisches

$$\sum_{i=1}^{l} p V_i = p V = T \sum_{i=1}^{l} M_i R_i = T \sum_{i=1}^{l} M_i \frac{\tilde{R}}{\tilde{M}_i} = N \tilde{R} T \quad \rightarrow \quad p \tilde{v} = \tilde{R} T \,. \tag{2.68}$$

Eine weitere Aussage zum Verhalten der Einzelkomponenten unter Mischungsbedingungen folgt aus dem

Satz 2.2 Gesetz von Dalton: *In einer idealen Gasmischung nehmen alle Einzelgase unabhängig von den übrigen Gemischpartnern den gesamten zur Verfügung stehenden Raum V ein. Sie stehen dabei unter ihrem Partialdruck p_i bei der gegebenen Temperatur T.*

Der Partialdruck p_i der i-ten Gaskomponente stellt sich ein, wenn nur die i-te Gaskomponente vorhanden ist und diese bei der Temperatur T das gesamte Volumen V des Gemisches einnimmt, also

$$p_i V = M_i R_i T = M_i \frac{\tilde{R}}{\tilde{M}_i} T = N_i \tilde{R} T \,, \quad \forall \quad i \in [1, l] \tag{2.69}$$

ist. Wir summieren die Gl.(2.69) über alle Gemischkomponenten:

$$V \sum_{i=1}^{l} p_i = T \sum_{i=1}^{l} M_i R_i = T \sum_{i=1}^{l} M_i \frac{\tilde{R}}{\tilde{M}_i} = T \tilde{R} \sum_{i=1}^{l} N_i = N \tilde{R} T \,. \tag{2.70}$$

Durch den Vergleich der Gln.(2.68) und (2.70) erhalten wir

$$p = \sum_{i=1}^{l} p_i \,. \tag{2.71}$$

Der Druck p der Gasmischung ist gleich der Summe der Partialdrücke p_i. Für diese folgt aus den Gln.(2.67), (2.69) und (2.65)

$$p_i = r_i\, p = \tilde{y}_i\, p\,. \tag{2.72}$$

Das Gemisch selbst verhält sich wie ein ideales Einzelgas mit der **mittleren Molmasse** $\tilde{M}$ und der **mittleren speziellen Gaskonstanten** R, wobei folgende Beziehungen gelten:

$$\begin{aligned} v &= \sum_{i=1}^{l} y_i\, v_i \quad \text{spez. Volumen}\,, & R &= \sum_{i=1}^{l} y_i R_i \quad \text{Gaskonstante}\,,\\ \rho &= \sum_{i=1}^{l} r_i\, \rho_i \quad \text{Dichte}\,, & \tilde{M} &= \sum_{i=1}^{l} \tilde{y}_i \tilde{M}_i \quad \text{Molmasse}\,. \end{aligned} \tag{2.73}$$

Die energetischen Größen des idealen Gemisches lassen sich aus den Einzelkomponenten berechnen. Für die innere Energie gilt

$$\begin{aligned} U &= M\,u = \sum_{i=1}^{l} U_i = \sum_{i=1}^{l} M_i\, u_i \quad \text{bzw.}\\ \mathrm{d}u &= \sum_{i=1}^{l} \frac{M_i}{M}\mathrm{d}u_i = \sum_{i=1}^{l} y_i\, \mathrm{d}u_i = \sum_{i=1}^{l} y_i\, c_{v,i}\, \mathrm{d}T \quad \text{und} \end{aligned} \tag{2.74}$$

$$\mathrm{d}u = c_v\, \mathrm{d}T \quad \text{mit} \quad c_v = \sum_{i=1}^{l} y_i\, c_{v,i}\,, \quad \mathrm{d}\tilde{u} = \tilde{c}_v\, \mathrm{d}T \quad \text{mit} \quad \tilde{c}_v = \sum_{i=1}^{l} \tilde{y}_i \tilde{c}_{v,i}\,. \tag{2.75}$$

Für die Enthalpie erhält man analoge Beziehungen.
Luft als wichtiges ideales Gas ist durch die folgenden, näherungsweise konstanten Gemischwerte beschreibbar:

$$\tilde{M}_L = 28.96\,\mathrm{kg/(kmol)}\,, \quad R_L = \frac{\tilde{R}}{\tilde{M}_L} = 287.1\,\mathrm{J/(kg\,K)}\,, \quad \varkappa_L = \frac{c_{pL}}{c_{vL}} = 1.4\,,$$

$$c_{pL} = \frac{\varkappa_L}{\varkappa_L - 1} R_L = 1004.5\,\mathrm{J/(kg\,K)}\,, \quad c_{vL} = \frac{1}{\varkappa_L - 1} R_L = 717.5\,\mathrm{J/(kg\,K)}\,.$$

3 Thermodynamische Hauptsätze

3.1 Das Energieerhaltungsprinzip

Der erste und der zweite Hauptsatz der Thermodynamik sind Erfahrungssätze, die durch Postulate eingeführt werden. Die Formulierung des ersten Hauptsatzes erfordert:

1. Die Existenz der extensiven Zustandsgröße **Energie** E.
2. Die Gültigkeit eines allgemeinen Energieerhaltungsprinzips, das in Erweiterung des Erhaltungssatzes der mechanischen Energien die thermischen Energieformen einbezieht.

Wir betrachten ein abgeschlossenes Gesamtsystem, das aus n geschlossenen Teilsystemen besteht. Jedes Teilsystem besitzt die Energie E_i.

Satz 3.1 *Das* **Energieerhaltungsprinzip** *fordert für das abgeschlossene Gesamtsystem*

$$\sum_i^n E_i = const \quad bzw. \quad \sum_i^n dE_i = 0 \,. \tag{3.1}$$

Die Teilsysteme können in Wechselwirkung miteinander treten und Energie an der Systemgrenze übertragen. In den meisten Anwendungsfällen richtet sich die thermodynamische Betrachtung auf ein ausgewähltes System j. Dessen Energieänderung beträgt dann $\mathrm{d}E_j = -\sum_{i \neq j} \mathrm{d}E_i$. Um bei der Untersuchung des Systems j von den übrigen Teilsystemen (der Umgebung des Systems j) unabhängig zu sein, führt man an der Grenze des Systems j die **Arbeit** W und die **Wärme** Q ein.

Definition 3.1: *Arbeit und Wärme sind meßbare Energien, die zwischen einem System und seiner Umgebung übertragen werden. Sie sind wegabhängige Prozeßgrößen, die nur an der Systemgrenze definiert sind.*
Mechanische Arbeit tritt durch die Wirkung einer Kraft an der Systemgrenze auf. Wärme ist Energie, die die wärmedurchlässige (diatherme) Systemgrenze infolge einer Temperaturdifferenz überschreitet.

Nach dieser Definition ist

$$\mathrm{d}E_j = \delta Q + \delta W_{ges} = -\sum_{i \neq j}^{n} \mathrm{d}E_i \,. \tag{3.2}$$

Während $\mathrm{d}E_j$ ein vollständiges Differential ist, sind δQ und δW_{ges} unvollständige Differentiale. Damit wird zum Ausdruck gebracht, daß E_j eine Zustandsgröße ist, die nur vom End- und Anfangszustand abhängt, nicht aber von der Prozeßführung. Hingegen sind Q und W_{ges} Prozeßgrößen. Sie hängen vom Weg der Zustandsänderung ab. Zur optischen Unterscheidung der unvollständigen Differentiale von den vollständigen Differentialen wird δ statt d benutzt.

Bevor wir den ersten und zweiten Hauptsatz einführen, erläutern wir die

Begriffe Arbeit und Wärme näher. Als Beispiel wählen wir die Kolben-Zylinderanordnung mit einem darin eingeschlossenen Gas, Bild 10. Die dargestellten Leistungseinträge bestehen aus der zunächst quasistatisch verrichteten Volumenänderungsarbeit pro Zeit $\dot{W}_V$, der an der Welle übertragenen Leistung $\dot{W}_{Welle}$, der elektrischen Leistung $\dot{W}_{el}$ und dem Wärmestrom $\dot{Q}$. Der Rührer und der elektrische Widerstand gehören nicht zum System.

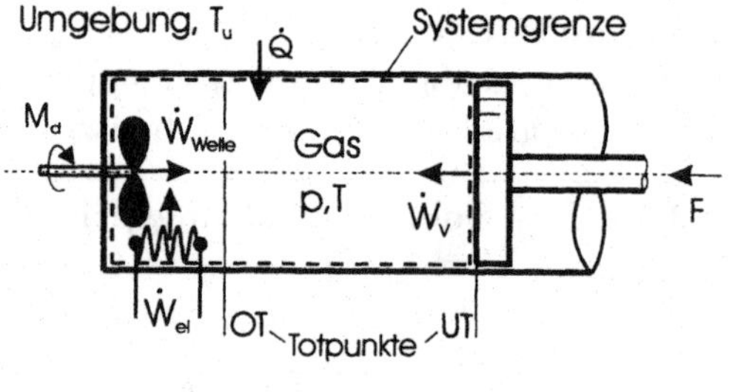

Bild 10 Das System 'Zylinder-Kolben' mit verschiedenen Leistungseinträgen

3.2 Die Arbeit

In der vorliegenden Darstellung wollen wir uns auf die mechanische Arbeit W_{mech} und die Wirkung des Gravitationsfeldes als einziges äußeres Kraftfeld beschränken. Prinzipiell kann man aber auch elektrische, magnetische Felder und die Wirkung von Oberflächenkräften in die thermodynamischen Untersuchungen einbeziehen. Hinsichtlich des thermodynamischen Systems hat die mechanische Arbeit sehr unterschiedliche Wirkungen. Sie kann den äußeren Systemzustand oder den inneren Systemzustand ändern.

3.2.1 Mechanische Arbeit und äußere Energien

Die Kraft F, die im Bild 10 den Kolben im ruhenden Zylinder antreibt, wirke jetzt auf den Schwerpunkt des Systems Zylinder-Kolben. Dadurch gerät die Zylinder-Kolben-Anordnung gegenüber dem erdfesten x, z-Koordinatensystem in Bewegung. Der Vorgang gleicht einem auf einer Bahn bewegten Einzylindermotor in einem auf Tour befindlichen Motorrad. Die Innenvorgänge im Zylinder sind jetzt nicht von Interesse. Unser Augenmerk gilt nur dem Schwerpunkt der Motormasse M_M und der Bahn, die dieser zurücklegt. Längs der Schwerpunktbahn läuft die s_k-Koordinate, Bild 11. Wir wollen den Bewegungsvorgang stark idealisieren und die Reibungskräfte und den Luftwiderstand, die an sich entscheidend

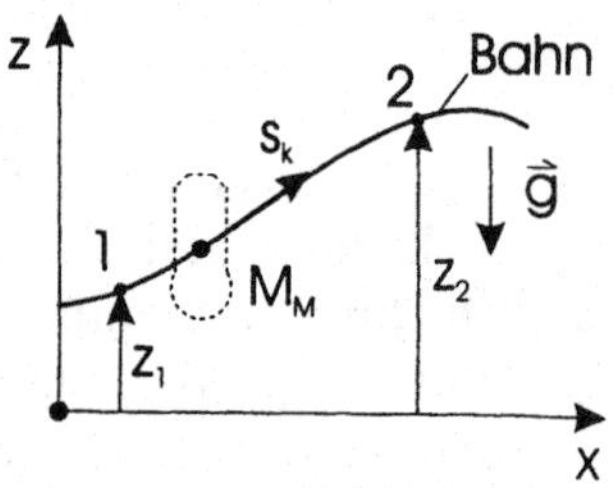

Bild 11 Die Schwerpunktbahn des Einzylindermotors

für die Größe des erforderlichen Vortriebes sind, vernachlässigen. Die am Schwerpunkt angreifende Antriebskraft $\vec{F}$ dient dann dazu, die Geschwindigkeit c und die Höhenkoordinate z des Systemschwerpunktes zu ändern. Längs der Bahn verrichtet die Antriebskraft $\vec{F}$ die **mechanische Arbeit**

$$W_{mech,12} = \int_1^2 \vec{F} \cdot \mathrm{d}\vec{s}_k = \int_1^2 F \cos(\vec{F}, \vec{s}_k)\, \mathrm{d}s_k \,. \tag{3.3}$$

Die Arbeit $W_{mech,12}$ bewirkt eine Änderung der äußeren mechanischen Energien des Systems. Wir kennzeichnen sie daher auch als **äußere Arbeit**

$$\begin{aligned} W_{ae12} = W_{mech,12} &= E_{kin2} - E_{kin1} + E_{pot2} - E_{pot1} \\ &= \frac{M_M}{2}(c_2^2 - c_1^2) + \frac{\Theta_K}{2}(\omega_2^2 - \omega_1^2) + M_M\, g(z_2 - z_1)\,, \end{aligned} \tag{3.4}$$

da sie den Zustand im Zylinder nicht ändert. Die Arbeit W_{ae12} ist gleich den Änderungen der kinetischen und der potentiellen Energie der Masse M_M. Die kinetische Energie setzt sich aus dem translatorischen und dem rotatorischen Anteil zusammen. In Gl.(3.4) ist Θ_K das auf die Kurbelwelle reduzierte Massenträgheitsmoment der drehenden Motorteile, und ω ist die Winkelgeschwindigkeit der Kurbelwelle.

3.2.2 Arbeit und innere Energie

Das System Zylinder-Kolben, Bild 10, ruhe jetzt gegenüber dem erdfesten Koordinatensystem. Die äußeren Zustandsgrößen des Systems, wie die Geschwindigkeit c und die Höhenkoordinate z des Systemschwerpunktes, bleiben ungeändert. Der Kolben im Zylinder (Bild 12) sei frei beweglich. Die Kraft $F_{SG} = p_{SG} A_K$ an der beweglichen Systemgrenze (SG), die bei der Verschiebung des Kolbens die mechanische Arbeit $W_{mech,12}$ leistet, bewirkt eine Änderung des inneren Systemzustandes $(p_1, v_1, T_1 \rightarrow p_2, v_2, T_2)$. Die Arbeit wird deshalb als **Systemarbeit** W_{12} und speziell im vorliegenden Fall als **Volumenänderungsarbeit** W_{V12} bezeichnet. Bei Vernachlässigung der Reibung zwischen Kolben und Zylinderwand beträgt die an der Kolbenstange angreifende resultierende Kraft unter Berücksichtigung des Umgebungsdruckes $F = F_{SG} - p_u A_K$. Unter der Voraussetzung einer quasistatischen Zustandsänderung, für die $p_{SG} = p$ gilt, ergibt sich die Berechnungsgleichung der Volumenänderungsarbeit in Abhängigkeit der Systemgrößen p und V:

$$W_{12} = W_{V12quasistat} = W_{mech,12} = \int_1^2 p_{SG}\, A_K\, \mathrm{d}s_{SG} = -\int_1^2 p\, \mathrm{d}V \,. \tag{3.5}$$

Ist der Druck an der Systemgrenze konstant, dann gilt Gl.(3.5) auch bei beliebiger Kontur des Systems (z.B. Ballon). Das negative Vorzeichen in Gl.(3.5) entspricht der Festlegung: *Die dem Gas von außen zugeführte Arbeit (Kompression ($dV < 0$)) sei positiv.* Umgekehrt ist bei einem Entspannungsprozeß $W_{V12quasistat} < 0$. Das Gas gibt in diesem Fall die Arbeit über den Kolben nach außen ab. Die Volumenänderungsarbeit $W_{V12quasistat}$ entspricht der Fläche unter der Kurve im p, V-Diagramm des Bildes 12. Wie man sieht, ist die Fläche vom

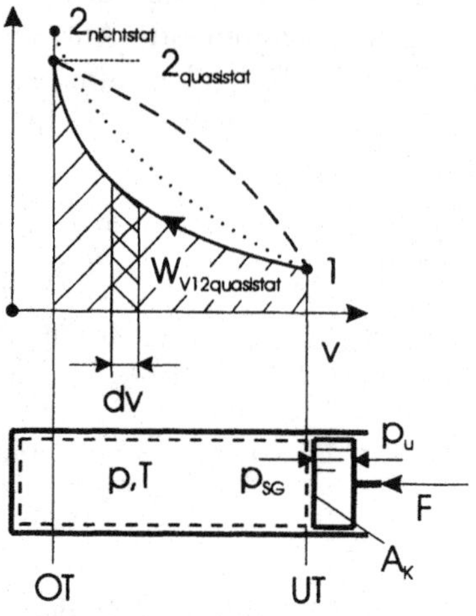

Bild 12 Zylinder-Kolben mit p, V-Diagramm

Integrationsweg bzw. von der Prozeßführung abhängig. Läuft der Prozeß von $1 \to 2$ längs der gestrichelt eingezeichneten Linie ab, ist $W_{V12quasist}$ größer als im vorliegenden Fall. Der Ausdruck

$$\delta W_{V quasistat} = -p(V)\,\mathrm{d}V \tag{3.6}$$

ist kein vollständiges Differential. Mit

$$\frac{\partial W_{V quasistat}}{\partial V} = -p \quad \text{und} \quad \frac{\partial W_{V quasistat}}{\partial p} = 0$$

folgt sofort, daß die Integrabilitätsbedingung [WM94]

$$\frac{\partial}{\partial p}\Big(\frac{\partial W_{V quasistat}}{\partial V}\Big) = -1 \neq \frac{\partial}{\partial V}\Big(\frac{\partial W_{V quasistat}}{\partial p}\Big) = 0$$

nicht erfüllt ist.

Die Volumenänderungsarbeit $W_{V12nichtstat}$ eines nichtstatischen Prozesses unterscheidet sich von der eines quasistatischen Prozesses Gl.(3.5) dadurch, daß der Druck zu einem beliebigen Zeitpunkt t im Bilanzgebiet ortsabhängig ist und im Fluid während der Zustandsänderung (Verdichtung oder Entspannung) Reibspannungen auftreten, die zu einer Gestaltänderungsarbeit der Fluidelemente führen. Im System ist dann nur der Druck an der beweglichen Systemgrenze (im Bild 10 ist es der Kolben) $p_{SG} = F_{SG}/A_K$ bekannt. Er ist maßgebend für die an der Systemgrenze verrichtete Arbeit. Bei nichtstatischer Zustandsänderung ergibt sich das Differential der Volumenänderungsarbeit zu

$$\begin{aligned} \delta W_{V nichtstat} &= -p_{SG}\,\mathrm{d}V = -p(V)\,\mathrm{d}V - \big(p_{SG} - p(V)\big)\,\mathrm{d}V \\ &= \delta W_{V quasistat} + \delta W_{V diss}\,. \end{aligned} \tag{3.7}$$

Die Volumenänderungsarbeit des nichtstatischen Prozesses spalten wir in zwei Anteile auf. Der erste Anteil berücksichtigt die Volumenänderungsarbeit $\delta W_{V quasistat} = -p\,\mathrm{d}V$, die bei einem quasistatischen Vergleichsprozeß (gleiche Volumenänderung) zu leisten ist. Dabei ist $p(V)$ der Druckverlauf des quasistatischen Vergleichsprozesses. Der zweite Anteil

$$\delta W_{V diss} = \delta W_{V nichtstat} - \delta W_{V quasistat} = -\big(p_{SG} - p\big)\,\mathrm{d}V \geq 0 \tag{3.8}$$

ist der irreversible Anteil der Volumenänderungsarbeit, der sowohl bei der Kompression ($\mathrm{d}V < 0$) als auch bei der Expansion ($\mathrm{d}V > 0$) einen positiven Wert besitzt. Er ist mit der Gestaltänderungsarbeit der Fluidelemente verbunden. $\delta W_{V diss}$ bewirkt bei der Kompression einen erhöhten Energieaufwand und bei der Expansion einen verminderten Energiegewinn. Wir sprechen von dissipierter Energie, worauf noch näher eingegangen wird. Im Bild 12 ist der nichtstatische Prozeß punktiert eingezeichnet. Er führt vom Anfangszustand 1 zum Endzustand $2_{nichtstat}$. Die Fläche zwischen dem punktiert gezeichneten nichtstatischen Zustandsverlauf und dem durchgezogenen reversiblen Zustandsverlauf charakterisiert die Dissipationsarbeit $\delta W_{V diss}$.

Entsprechend dem Energieerhaltungsprinzip bewirkt die Volumenänderungsarbeit eine Änderung der Energie des Systems. Für ein adiabates System, das mit der Umgebung nur in Form von Arbeit in Wechselwirkung treten kann, gilt

$$\delta W_V = (\mathrm{d}E)_{ad} = (\mathrm{d}U)_{ad}\,. \tag{3.9}$$

Da sich weder die kinetische noch die potentielle Energie geändert haben, muß es eine weitere Energieform, die **innere Energie** U geben, deren Änderung unmittelbar mit der Änderung der thermischen Zustandgrößen p, v, T des Systems verbunden ist.

Definition 3.2: *Die innere Energie ist die in der Translations-, Rotations- und Schwingungsenergie der ungeordneten Molekularbewegung gespeicherte Energie. Ihr Differential*

$$dU = (\delta W)_{ad} = dU(v,T) \quad \textit{bzw. ihre Differenz} \quad U_2 - U_1 = (W_{12})_{ad} \tag{3.10}$$

ist experimentell durch die an einem adiabaten System verrichtete Systemarbeit bestimmbar.

Betrachten wir wieder das im Bild 10 dargestellte System. Ihm wird jetzt nicht Volumenänderungsarbeit, sondern Energie mit einem Rührer zugeführt:

$$W_{Welle12} = \int_{t=t_0}^{t_0+\Delta t} \dot{W}_{Welle}(t)\,\mathrm{d}t = \int_{t=t_0}^{t_0+\Delta t} M_d\,\omega\,\mathrm{d}t = W_{R12}\,. \tag{3.11}$$

M_d ist das Drehmoment des Rührers, und ω ist die Winkelgeschwindigkeit der Antriebswelle. Zwischen Rührerblatt und Fluid sowie im Inneren des Systems wirken Scherkräfte. Die durch den Rührer an das System abgegebene Energie ist daher **Reibungsarbeit** W_{R12}. Die Reibungsarbeit erhöht die innere Energie des Systems. Sie ist ebenfalls eine Form der Systemarbeit. Für adiabate Systeme mit konstantem Volumen (ohne Volumenänderungsarbeit) gilt

$$W_{12} = W_{R12} = \left(U_2 - U_1\right)_{ad} \geq 0\,. \tag{3.12}$$

Die gleiche Zustandsänderung, die der Rührer verursacht, kann auch durch die **elektrische Arbeit** W_{el12} einer Widerstandsheizung realisiert werden. Liegt an der Heizspirale, Bild 10, mit dem Widerstand R_{el} die Potentialdifferenz U_{el} an und fließt der Strom I_{el}, dann wird dem Fluid im System die elektrische Arbeit

$$W_{el12} = \int_{t=t_0}^{t_0+\Delta t} \dot{W}_{el}(t)\,\mathrm{d}t = \int_{t=t_0}^{t_0+\Delta t} I_{el}^2\,R_{el}\,\mathrm{d}t \geq 0 \tag{3.13}$$

zugeführt. Analog zu Gl.(3.12) gilt

$$W_{12} = W_{el12} = \left(U_2 - U_1\right)_{ad} \geq 0\,. \tag{3.14}$$

In beiden Fällen sind die Prozesse irreversibel, da sich innere Energie nicht von selbst in elektrischen Strom wandelt und ebenso die vom Rührer aufgenommene Arbeit durch das Fluid nicht unmittelbar wieder an diesen zurückgegeben werden kann. Man spricht in diesen Fällen von einer Dissipation (Zerstreuung) der Energie und bezeichnet die in dieser Weise verrichtete Arbeit als **Dissipationsarbeit**

$$W_{diss12} = W_{R12} + W_{el12} \geq 0\,, \tag{3.15}$$

die dem System stets nur zugeführt werden kann. Drückt man bei einem nichtstatischen Prozeß die tatsächliche Volumenänderungsarbeit $W_{V nichtstat}$ durch die Volumenänderungsarbeit $W_{V quasistat}$ eines quasistatischen Vergleichprozesses aus, Gl.(3.7), so hat man in Gl.(3.15) zusätzlich $W_{V diss}$ zu berücksichtigen.

Definition 3.3: *Die Systemarbeit W_{12} ist die Arbeit, die eine Änderung des inneren Systemzustandes bewirkt. Sie ergibt sich aus der Summe von Volumenänderungsarbeit und Dissipationsarbeit. Sie ist bei adiabaten Systemen gleich der Änderung der inneren Energie*

$$\delta W = \delta W_V + \delta W_R + \delta W_{el} = \delta W_V + \delta W_{diss} = (dU)_{ad} \,. \tag{3.16}$$

Für quasistatische Zustandsänderungen gilt

$$W_{12quasistat} = -\int_1^2 p(V)\, dV + W_{diss12} \quad bzw. \quad W_{12rev} = -\int_1^2 p_{rev}(V)\, dV \,, \tag{3.17}$$

wobei sich die Druckverläufe $p(V)$ im irreversiblen und reversiblen Prozeß unterscheiden (vergl. Abschnitt 3.5.4).

Die quasistatische Systemarbeit $W_{12quasistat}$ ist nur dann gleich der reversiblen Systemarbeit W_{12rev}, wenn die dissipativen Anteile W_{R12}, W_{el} verschwinden. Bei der Anwendung von Gl.(3.17) in den folgenden Kapiteln setzen wir quasistatische Zustandsänderungen voraus, ohne dieses jeweils zu betonen.
Die Summe aus Systemarbeit W_{12} und äußerer Arbeit W_{ae12} ergibt die Gesamtarbeit W_{ges12} in Gl.(3.2).

3.3 Die Wärme

Wird an der Systemgrenze keine Arbeit übertragen, so kann zwischen Umgebung und System trotzdem ein Energietransport stattfinden. Das ist dann der Fall, wenn die Systemgrenze wärmedurchlässig (diatherm) ist und sich die Umgebungstemperatur T_u von der Temperatur T des Systems unterscheidet. Man nennt die übertragene Energie **Wärme**. Die dem System zugeführte Wärme ist definitionsgemäß positiv. Sie fließt stets vom System höherer Temperatur zum System niedrigerer Temperatur. Damit ist dieser Transport ein irreversibler Prozeß. Der Temperaturunterschied an einer diathermen Systemgrenze ist die Ursache für den nicht stoffstromgebundenen und vom Prozeßverlauf abhängigen **Wärmestrom** $\dot{Q}$, der analog zur Leistung die pro Zeiteinheit übertragene Wärme beschreibt. Für den Wärmestrom durch die Systemoberfläche (Wand) gilt

$$\dot{Q} = \frac{\delta Q}{dt} = k\, A\, (T_u - T) \quad \text{in} \quad \text{W} \,. \tag{3.18}$$

Dabei ist k der Wärmedurchgangskoeffizient in $W/(m^2K)$, und A ist die diatherme Systemoberfläche. Der Wärmedurchgangskoeffizient hängt von mehreren

Einflußgrößen ab [El93, St92]. Der Grenzfall $k \to 0$ kennzeichnet die wärmeundurchlässige (adiabate) Wand. Das Zeitintegral über den Wärmestrom $\dot{Q}$ liefert die übertragene Wärme

$$Q_{12} = A \int_{t=t_0}^{t_0+\Delta t} k\,(T_u - T)\,dt \quad \text{bzw.} \quad q_{12} = \frac{Q_{12}}{M} = \frac{A}{M} \int_{t=t_0}^{t_0+\Delta t} k\,(T_u - T)\,dt\,. \tag{3.19}$$

Für gegen Null gehende Temperaturdifferenz ($T_u \to T$), dem Grenzfall des reversiblen Wärmeüberganges, und $\dot{Q} =$ const müssen die Wärmeübertragungsfläche $A \to \infty$ oder der Wärmedurchgangskoeffizient $k \to \infty$ streben.

3.4 Der erste Hauptsatz

Wir betrachten ein ruhendes geschlossenes System. An der Systemgrenze werden sowohl Arbeit als auch Wärme übertragen. Die Anwendung des Energieerhaltungssatzes (3.1) führt direkt zum ersten Hauptsatz.

3.4.1 Formulierung des ersten Hauptsatzes mit der inneren Energie

Satz 3.2 Erster Hauptsatz: *Bei einer Zustandsänderung in einem ruhenden geschlossenen System ist die Summe der in Form von Systemarbeit W_{12} und Wärme Q_{12} an der Systemgrenze durch Wechselwirkung mit der Umgebung übertragenen Energien gleich der Änderung der inneren Energie U des Systems:*

$$-\Delta E_{Umg} = Q_{12} + W_{12} = Q_{12} + W_{V12} + W_{diss12} = U_2 - U_1 \tag{3.20}$$

oder auf die Systemmasse bezogen in differentieller und integraler Darstellung

$$\begin{aligned} \delta q + \delta w &= \delta q + \delta w_V + \delta w_{diss} = du\,, \\ q_{12} + w_{12} &= q_{12} + w_{V12} + w_{diss12} = u_2 - u_1 \end{aligned} \tag{3.21}$$

sowie für quasistatische und reversible Prozesse

$$q_{12} - \int_1^2 p(v)\,dv + w_{diss12} = u_2 - u_1 \quad \textit{bzw.} \quad q_{12rev} - \int_1^2 p_{rev}\,dv = u_2 - u_1\,. \tag{3.22}$$

Im Unterschied zur inneren Energie U_2 bzw. U_1 sind Arbeit und Wärme keine Zustandsgrößen. Sie können nicht in der Form W_2 bzw. W_1 und Q_2 bzw. Q_1 angegeben werden. Vielmehr sind W_{12} und Q_{12} vom Prozeßweg ($1 \rightarrow 2$) abhängige Größen.
Wir betrachten nun das bewegte geschlossene System. Dabei sind in Gl.(3.20) zusätzlich die äußere Arbeit W_{ae} am Systemschwerpunkt und seine kinetische und potentielle Energie zu berücksichtigen. Verallgemeinert gilt:

$$-\Delta E_{Umg} = Q_{12} + W_{ges12} = Q_{12} + W_{ae12} + W_{V12} + W_{diss12} = E_2 - E_1 \quad (3.23)$$

bzw. in der differentiellen Darstellung

$$-\,\mathrm{d}E_{Umg} = \delta Q + \delta W_{ae} + \delta W_V + \delta W_{diss12} = \mathrm{d}(U + E_{kin} + E_{pot})\,. \quad (3.24)$$

In den folgenden Abschnitten beschränken wir uns auf ein ruhendes geschlossenes System.

3.4.2 Formulierung des ersten Hauptsatzes mit der Enthalpie

Mit der nach Gl.(2.6) definierten Enthalpie $H = U + pV$, die im Abschnitt 5. näher erläutert wird, lautet der erste Hauptsatz

$$\mathrm{d}H = \mathrm{d}U + \mathrm{d}(pV) = \delta Q + \delta W_V + \mathrm{d}(pV) + \delta W_{diss}\,. \quad (3.25)$$

Diese Gleichung vereinfacht sich mit der für quasistatische Zustandsänderungen[1] gültigen Volumenänderungsarbeit $\delta W_V = -p\,\mathrm{d}V = -\mathrm{d}(pV) + V\mathrm{d}p$. Es gilt

$$\mathrm{d}H = \delta Q + V\,\mathrm{d}p + \delta W_{diss} \quad (3.26)$$

bzw. in integraler Form unter Verwendung der spezifischen Größen

$$h_2 - h_1 = q_{12} + \int_1^2 v(p)\,\mathrm{d}p + w_{diss12}\,. \quad (3.27)$$

Das Integral

$$w_{D12} = \int_1^2 v(p)\,\mathrm{d}p \quad (3.28)$$

[1] Unter der Voraussetzung des lokalen Gleichgewichtes (vergl. Abschnitt 1.3) ist der erste Hauptsatz für quasistatische Zustandsänderungen in der Formulierung mit U und H auch auf differentiell kleine Fluidelemente $\mathrm{d}M = \rho\,\mathrm{d}V$ anwendbar.

ist die spezifische Druckänderungsarbeit. Die **Druckänderungsarbeit** entspricht der im Bild 13 eingezeichneten Fläche. Zur Erklärung der Druckänderungsarbeit dient die während einer Arbeitsperiode eines Kolbenverdichters, Bild 13, verrichtete Volumenänderungsarbeit bei reversibler Prozeßführung. Vereinfachend nehmen wir an, daß das verdichtete Gas von 2 → 3 bei konstantem Druck p_2 ausgeschoben wird, die Ventile plötzlich

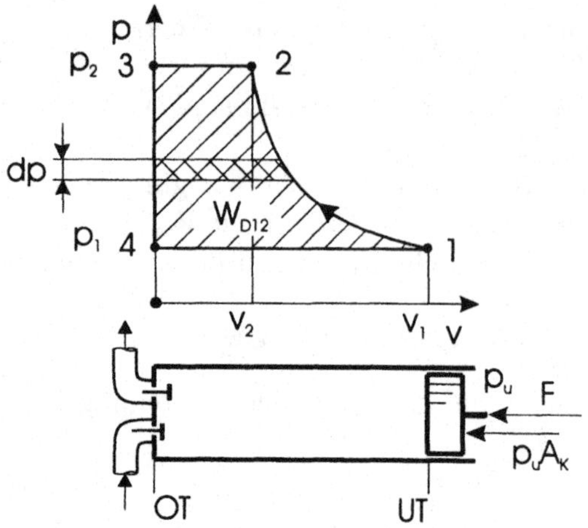

Bild 13 Druckänderungsarbeit bei einem Verdichtungsvorgang

vom Druck- auf den Saughub (3 → 4) schalten und das Gas von 4 → 1 bei konstantem Druck p_1 angesaugt wird. Für eine Umdrehung der Antriebswelle ist dann die Arbeit

$$W_{rev} = W_{V12} + W_{V23} + W_{V34} + W_{V41} = -\oint p\,\mathrm{d}V \tag{3.29}$$

erforderlich. Da die Zustandsänderung von 3 → 4 voraussetzungsgemäß **isochor**[2] abläuft, ist $W_{V34} = 0$ und damit

$$\begin{aligned} W_{rev} &= -\int_1^2 p(V)\,\mathrm{d}V - p_2\int_{V_2}^{V_3=0} \mathrm{d}V - p_1\int_{V_4=0}^{V_1} \mathrm{d}V \\ &= -\int_1^2 p\,\mathrm{d}V + p_2V_2 - p_1V_1 = \int_1^2 V(p)\,\mathrm{d}p = W_{D12}\,. \end{aligned} \tag{3.30}$$

Die Druckänderungsarbeit W_{D12} ist die Arbeit, die bei periodischer Wiederholung der Zustandsänderung 1 → 2 an der Welle aufzubringen ist. Sie berücksichtigt die Ein- und Ausschiebearbeit und ist ein Teil der technischen Arbeit W_{t12}, die im Abschnitt 5.4 eingeführt wird. Der auf die Kolbenrückseite wirkende Umgebungsdruck p_u hat bei einer Arbeitsperiode ($\oint p_u \mathrm{d}V = 0$) keinen Einfluß auf die an der Kolbenstange bzw. der Antriebswelle übertragene Arbeit W_{rev}.

Beispiel 8:

In einem Zylinder soll Luft (ideales Gas) von $V_1 = 0.5\,\mathrm{m}^3$, $p_1 = p_u = 10^5$ Pa und $T_1 = 293$ K **isotherm**, d.h. bei gleichbleibender Temperatur auf

[2]Die Isochore ist eine Zustandsänderung bei konstantem Volumen.

$p_2 = 4 \cdot 10^5$ Pa verdichtet werden. Berechnen Sie für einen reversiblen Prozeß das Volumen V_2 nach der Verdichtung, die Volumenänderungsarbeit W_{V12rev}, die Druckänderungsarbeit W_{D12rev} und die Wärme Q_{12rev}!

Lösung: Für isotherme Zustandsänderung, $T_2 = T_1 = \text{const}$, folgt aus der thermischen Zustandsgl.(2.34)

$$p\,V = p_2\,V_2 = p_1\,V_1 = M\,R\,T_1 = \text{const}\,. \tag{3.31}$$

Da p_1, V_1 und p_2 vorgegeben sind, erhalten wir für $V_2 = p_1\,V_1/p_2 = 0.125\,\text{m}^3$. Aus Gl.(3.31) folgt mit $p = p_1\,V_1/V$ die Volumenänderungsarbeit

$$W_{V12rev} = -\int_1^2 p\,\text{d}V = -p_1 V_1 \int_1^2 \frac{\text{d}V}{V} = -p_1 V_1 \ln\Big(\frac{V_2}{V_1}\Big) = 69.3\,\text{kJ}\,.$$

Die Druckänderungsarbeit bei isothermer Zustandsänderung ist entsprechend Gl.(3.31) mit $pV = \text{const}$ bzw. $\text{d}(pV) = 0$ und $V\,\text{d}p = -p\text{d}V$ gleich der Volumenänderungsarbeit $W_{D12} = W_{V12}|_{T=\text{const}}$.

Die bei der isothermen Verdichtung von $1 \to 2$ abzuführende Wärme ist nach dem ersten Hauptsatz bestimmbar. Die Änderung der inneren Energie des idealen Gases ergibt sich wegen $T = \text{const}$ und $\text{d}u = c_v\,\text{d}T$ zu Null. Aus Gl.(3.20) folgt $Q_{12rev} = U_2 - U_1 - W_{V12rev} = -W_{V12rev} = 69.3\,\text{kJ}\,.$ ■

3.4.3 Die Wärme bei reversiblen Prozessen

Bei bekannter Zustandsänderung sind die Volumen- und die Druckänderungsarbeiten mit den Gln.(3.17) und der Gl.(3.28) berechenbar. Die Änderungen der inneren Energie und der Enthalpie ergeben sich in Abhängigkeit des Arbeitsmediums aus der jeweiligen energetischen Zustandsgl.(2.33). In diesen Fällen stellt der erste Hauptsatz (3.21) die Berechnungsgleichung für die Wärme dar. Für reversible Prozesse gilt unter Berücksichtigung der allgemeinen Form der energetischen Zustandsgln.(2.19) und (2.21)

$$\begin{aligned}
\delta q_{rev} &= \text{d}u(v,T) + p\text{d}v = \frac{\partial u}{\partial T}\text{d}T + \Big(\frac{\partial u}{\partial v} + p\Big)\text{d}v = c_v\text{d}T + \Big(\frac{\partial u}{\partial v} + p\Big)\text{d}v\,,\\
\delta q_{rev} &= \text{d}h(p,T) - v\text{d}p = \frac{\partial h}{\partial T}\text{d}T + \Big(\frac{\partial h}{\partial p} - v\Big)\text{d}p = c_p\text{d}T + \Big(\frac{\partial h}{\partial p} - v\Big)\text{d}p\,.
\end{aligned} \tag{3.32}$$

Für **isochore** ($\text{d}v = 0$) und **isobare** ($\text{d}p = 0$) Zustandsänderungen hängt die reversibel übertragene Wärme nur von der Temperaturänderung ab:

$$\begin{aligned}
\delta q_{rev}\big|_{v_0=\text{const}} &= \text{d}u(T) = \frac{\partial u}{\partial T}\text{d}T = c_v(T, v_0)\,\text{d}T\,,\\
\delta q_{rev}\big|_{p_0=\text{const}} &= \text{d}h(T) = \frac{\partial h}{\partial T}\text{d}T = c_p(T, p_0)\,\text{d}T\,.
\end{aligned} \tag{3.33}$$

Die Gl.(3.33) verdeutlicht die vorteilhafte Anwendung der energetischen Zustandsgröße Enthalpie bei isobaren Prozessen. Andererseits folgt aus den Gln.(3.33) auch anschaulich die Bedeutung der spezifischen Wärmekapazitäten

$$\begin{aligned} c_v(T, v_0) &= \frac{\partial u(T, v_0)}{\partial T} = \left.\frac{\delta q_{rev}}{\mathrm{d}T}\right|_{v_0} \quad \text{bzw.} \quad c_v\Big|_{T_1}^{T_2} = \left.\frac{q_{12rev}}{T_2 - T_1}\right|_{v_0}, \\ c_p(T, p_0) &= \frac{\partial h(T, p_0)}{\partial T} = \left.\frac{\delta q_{rev}}{\mathrm{d}T}\right|_{p_0} \quad \text{bzw.} \quad c_p\Big|_{T_1}^{T_2} = \left.\frac{q_{12rev}}{T_2 - T_1}\right|_{p_0} \end{aligned} \tag{3.34}$$

und ebenso ein Weg für ihre experimentelle Bestimmung. Die Wärmekapazitäten c_v und c_p sind ein Maß dafür, wieviel Wärme pro Masseneinheit in Abhängigkeit von der Zustandsänderung (isochor oder isobar) erforderlich ist, um bei einem Wertepaar T, v_0 bzw. T, p_0 die Temperatur des betreffenden Stoffes um ein Kelvin zu erhöhen.
Es sei nochmals erwähnt, daß die Verknüpfung der Wärme mit der Temperaturdifferenz entsprechend den Gln.(3.33) nur für reversible isochore und isobare Zustandsänderungen zulässig ist. Für **isotherme** Zustandsänderungen gilt $Q_{12rev} = -W_{12rev}$.

Beispiel 9:
Ein zylindrischer Gasbehälter (Gasometer) hat einen Durchmesser $d_G = 16\,\text{m}$ und eine Höhe $z_G = 20\,\text{m}$, Bild 14. Er wird durch einen vertikal verschiebbaren Deckel der Masse $M_D = 50000\,\text{kg}$ gasdicht abgeschlossen. Durch Sonneneinstrahlung vergrößert sich das Gasvolumen. Der Deckel hebt sich um $\Delta z_G = 0.5\,\text{m}$ an. Das Gas hat vor der Sonneneinstrahlung eine Temperatur von $T_1 = 293\,\text{K}$. Die Gaskonstante, die spezifische Wärmekapazität und der Luftdruck betragen: $R = 287\,\text{J/(kgK)}$, $c_p = 1004\,\text{J/(kgK)}$ und $p_u = 10^5\,\text{Pa}$.
Berechnen Sie

1. die Gasmasse M_G, die sich im Gasometer befindet,
2. den Zustand T_2, p_2, V_2 des Gases nach der Sonneneinstrahlung,
3. die durch die Sonne zugeführte Wärme Q_{12},
4. die Volumenänderungsarbeit W_{V12},
5. die Änderung der inneren Energie $\Delta U = U_2 - U_1$!

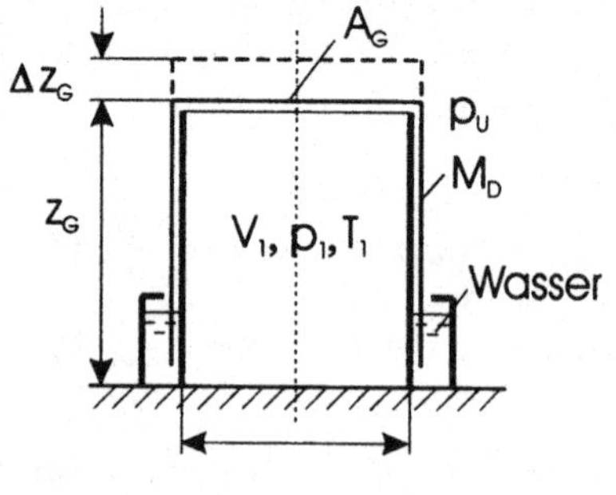

Bild 14 Gasometer

Lösung: Der Deckel des Gasometers hat die Fläche $A_G = d_G^2\pi/4 = 201.06\,\text{m}^2$. Der Absolutdruck p_1 im Gasometer beträgt

$$p_1 = p_u + \frac{M_D\,g}{A_G} = 0.10244\,\text{MPa}\,.$$

Die Behältervolumina vor und nach der Sonneneinstrahlung ergeben sich zu:

$$V_1 = A_G\, z_G = 4021.2\,\mathrm{m}^3 \quad \text{und} \quad V_2 = A_G(z_G + \Delta z_G) = 4121.8\,\mathrm{m}^3\,.$$

Die Gasmasse im Gasometer $M_G = V_1\,\rho_1 = V_1 p_1/(RT_1) = 4898.7\,\mathrm{kg}$ bleibt während der Zustandsänderung konstant. Die Zustandsänderung durch Sonneneinstrahlung vollzieht sich wegen des beweglichen Deckels **isobar** $p_2 = p_1 = \mathrm{const.}$ Somit folgt aus den thermischen Zustandsgleichungen

$$p_1\, V_1 = M_G\, R\, T_1 \quad \text{und} \quad p_2\, V_2 = M_G\, R\, T_2$$

die Temperatur des Gases nach der Sonneneinstrahlung $T_2 = V_2/V_1 T_1 = 300.3\,\mathrm{K}$. Mit der Gl.(3.6) erhalten wir für die Volumenänderungsarbeit

$$W_{V12} = -\int_1^2 p\,\mathrm{d}V = -p_1(V_2 - V_1) = -10.298\,\mathrm{MJ}\,.$$

Die durch die Sonne zugeführte Wärme Q_{12} läßt sich unmittelbar aus der Enthalpieformulierung des ersten Hauptsatzes (3.27) berechnen. Es ist

$$Q_{12} = H_2 - H_1 = M_G\, c_p(T_2 - T_1) = 36.051\,\mathrm{MJ}\,.$$

Schließlich bestimmen wir noch die Änderung der inneren Energie mit dem ersten Hauptsatz (3.20)

$$U_2 - U_1 = Q_{12} + W_{V12} = 36.051 - 10.298 = 25.753\,\mathrm{MJ}\,. \quad ■$$

3.4.4 Anwendung des ersten Hauptsatzes auf abgeschlossene Systeme

In einer Reihe von Anwendungsfällen, wie z.B. bei dem im Bild 15 dargestellten **Kalorimeter**, bilden mehrere Körper, deren äußere Energien konstant sind, ein ruhendes abgeschlossenes Gesamtsystem (GS). Das Gesamtsystem im Bild 15 besteht aus dem Vakuummantelgefäß der Masse M_3, der Kalorimeterflüssigkeit M_2, dem Rührer M_4, dem Thermometer M_5 und einem Probekörper der Masse M_1, dessen spezifische Wärmekapazität c_{v1} bestimmt werden soll. Die spezifischen Wärmekapazitäten der Flüssigkeit und der Körper mit den Massen M_i, $i = 2, 3, 4, 5$ sind bekannt. Die Wärmekapazität der Einbauten bestimmt man in der Praxis experimentell. Wir nehmen an, daß keine Wärme an die Umgebung

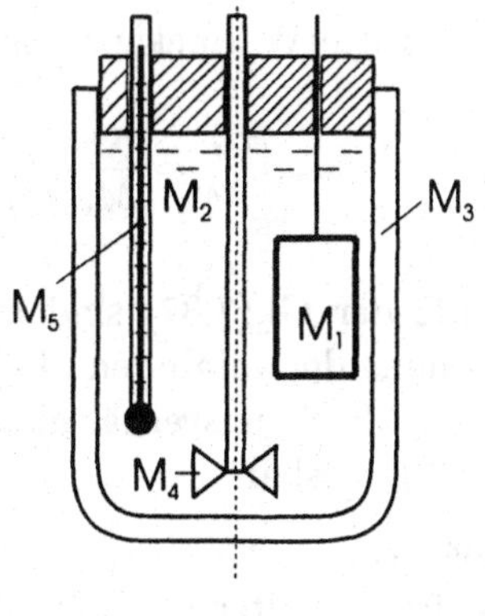

Bild 15 Mischkalorimeter, abgeschlossenes Gesamtsystem

übertragen wird. Zur Messung von c_{v1} nutzen wir die Mischungsmethode. In das Kalorimeter wird Wasser der Masse M_2 gefüllt. Das Vakuummantelgefäß, das Wasser, der Rührer und das Thermometer haben die Anfangstemperaturen $T_{2A} = T_{3A} = T_{4A} = T_{5A}$. Der zu untersuchende Probekörper hat die Anfangstemperatur $T_{1A} > T_{2A}$. Innerhalb des abgeschlossenen Gesamtsystems finden zwischen den einzelnen Körpern Wärmeübergänge statt. Praktisch stellt sich nach endlich langer Zeit ein Gleichgewichtszustand bei der Mischtemperatur T_M ein. Da an der Grenze des Gesamtsystems weder Arbeit noch Wärme übertragen werden, folgt aus dem ersten Hauptsatz (3.20)

$$\mathrm{d}U_{GS} = \delta W_{GS} + \delta Q_{GS} = 0\,. \tag{3.35}$$

Hierbei haben wir vorausgesetzt, daß das Volumen des Gesamtsystems während des Ausgleichsvorganges konstant bleibt und der Energieeintrag des Rührers $W_{Welle} \approx 0$ ist. Die innere Energie des Gesamtsystems ergibt sich additiv aus den inneren Energien der Körper (Teilsysteme). Für die betrachteten Körper sei die spezifische innere Energie nur eine Funktion der Temperatur (ideales Gas bzw. inkompressibles Medium mit $\rho = \text{const}$). Dann ergibt die energetische Zustandsgleichung

$$\mathrm{d}U_{GS} = \sum_i \mathrm{d}U_i = \sum_i M_i\, c_{vi}\, \mathrm{d}T_i = 0 \tag{3.36}$$

bzw. nach der Integration zwischen dem Anfangs- und dem Gleichgewichtszustand

$$\sum_i M_i\, c_{vi}\Big|_{T_{iA}}^{T_M} (T_M - T_{iA}) = 0\,. \tag{3.37}$$

Die spezifische Wärmekapazität c_{v1} des Probekörpers folgt aus Gl.(3.37) zu

$$c_{v1}\Big|_{T_{1A}}^{T_M} = \frac{1}{M_1(T_M - T_{1A})} \sum_{i=2} M_i\, c_{vi}\Big|_{T_{iA}}^{T_M} (T_{iA} - T_M)\,. \tag{3.38}$$

Mit Hilfe der Gl.(3.37) sind eine Reihe weiterer Problemstellungen, wie die Bestimmung der adiabaten Mischungstemperatur oder die Ermittlung eines bestimmten Mischungsverhältnisses zur Erzielung einer bestimmten Mischungstemperatur, lösbar.

Beispiel 10:
Die beiden Behälter im Bild 16 seien gegenüber der Umgebung und auch untereinander wärmeisoliert. In ihnen befinde sich jeweils ein perfektes Gas der

Masse M_A bzw. M_B mit unterschiedlichen Temperaturen $T_{A1} \neq T_{B1}$ und unterschiedlichen Drücken $p_{A1} \neq p_{B1}$. Die Wand, die beide Behälter trennt, wird plötzlich entfernt, so daß ein Behälter mit dem Volumen $V_2 = V_A + V_B$ entsteht. Welche Temperatur T_2 und welcher Druck p_2 stellen sich

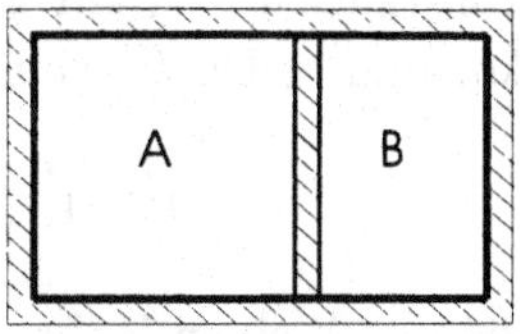

Bild 16 Behälter A und B

nach dem Entfernen der Zwischenwand ein?

Lösung: Das aus den Behältern A und B bestehende System bildet ein abgeschlossenes Gesamtsystem. Mit der Umgebung gibt es daher keine Wechselwirkung. Wird die Trennwand entfernt, so setzt ein Druck- und Temperaturausgleich ein. Der Ausgleichsvorgang kann mit einer heftigen Strömung verbunden sein, die mit der Zeit infolge der praktisch auftretenden Reibung abklingt. Den sich einstellenden Gleichgewichtszustand charakterisieren wir durch den Index 2 im Gegensatz zum Anfangszustand, der den Index 1 erhält. Wegen $Q_{GS12} = W_{GS12} = 0$ gilt Gl.(3.35), also $(U_2 - U_1)_{GS} = 0$, die Konstanz der inneren Energie. Für perfekte Gase gilt

$$\begin{aligned}(U_2 - U_1)_{GS} &= (M_A + M_B)u_2 - M_A u_{A1} - M_B u_{B1} = M_A(u_2 - u_{A1}) + M_B(u_2 - u_{A1}) \\ &= M_A c_v(T_2 - T_{A1}) + M_B c_v(T_2 - T_{B1}) .\end{aligned}$$

Da $U_{GS2} = U_{GS1}$ ist, erhalten wir für die sich einstellende Temperatur

$$T_2 = \frac{M_A T_{A1} + M_B T_{B1}}{M_A + M_B} ,$$

und über die thermische Zustandsgl. $p_2 V_2 = (M_A + M_B) R T_2$ folgt der Druck zu

$$p_2 = \frac{(M_A T_{A1} + M_B T_{B1}) R}{V_A + V_B} . \quad \blacksquare$$

3.4.5 Das instationäre Verhalten geschlossener Systeme

Der erste Hauptsatz beschreibt die energetischen Wechselwirkungen zwischen dem System und seiner Umgebung, ohne eine Aussage darüber zu treffen, in welcher Zeit sich diese vollziehen. Interessiert man sich für die Abhängigkeit des Systemzustandes von der Zeit, so erfordert das die Kenntnis der Leistung und des Wärmestromes

$$\dot{W}(t) = \frac{\delta W}{\mathrm{d}t} \quad \text{und} \quad \dot{Q}(t) = \frac{\delta Q}{\mathrm{d}t} \tag{3.39}$$

als Funktion von der Zeit. Wir betrachten ein geschlossenes System mit:

1. konstantem Systemvolumen $V = M/\rho$ und $c_v = \text{const}$,
2. konstanter Dissipationsleistung

$$\overset{\bullet}{W} = \overset{\bullet}{W}_{diss} = \frac{\delta W_{diss}}{\mathrm{d}t} = \frac{\delta W_R}{\mathrm{d}t} + \frac{\delta W_{el}}{\mathrm{d}t} = \text{const}\,, \tag{3.40}$$

die durch einen Rührer bzw. eine elektrische Heizung verursacht wird, und
3. zeitabhängigem Wärmestrom

$$\overset{\bullet}{Q} = -k\,A(T(t) - T_u)\,. \tag{3.41}$$

Dabei ist k der konstant vorausgesetzte Wärmedurchgangskoeffizient der Systemgrenze, und T_u ist die konstante Umgebungstemperatur. Der erste Hauptsatz (3.20) ergibt für die Änderung der inneren Energie des geschlossenen Systems

$$\mathrm{d}U = M\,c_v\,\mathrm{d}T = \delta Q + \delta W_{diss} = (\overset{\bullet}{Q} + \overset{\bullet}{W}_{diss})\mathrm{d}t \tag{3.42}$$

und damit die gewöhnliche Differentialgleichung (Dgl.)

$$\frac{\mathrm{d}U}{\mathrm{d}t} = (\overset{\bullet}{Q} + \overset{\bullet}{W}_{diss}) \quad \text{bzw.} \quad \frac{\mathrm{d}T}{\mathrm{d}t} = \frac{1}{Mc_v}(\overset{\bullet}{Q} + \overset{\bullet}{W}_{diss}) \tag{3.43}$$

für die innere Energie bzw. für die Temperatur des Systems. Es soll der zeitabhängige Verlauf der Temperatur des Systems bestimmt werden. Dazu ersetzen wir in Gl.(3.43) den Wärmestrom nach Gl.(3.41). Für die Temperatur T ergibt sich die lineare gewöhnliche Differentialgleichung

$$\frac{\mathrm{d}T}{\mathrm{d}t} + \frac{kA}{Mc_v}\left(T - T_u - \frac{\overset{\bullet}{W}_{diss}}{kA}\right) = 0\,. \tag{3.44}$$

Gesucht wird die Lösung dieser Gleichung, die der Anfangsbedingung $T = T_0$ für $t = 0$ genügt. Da T_u und $\overset{\bullet}{W}_{diss}\,/(kA)$ Konstanten sind, können wir statt der Dgl.(3.44) auch die Differentialgleichung

$$\frac{\mathrm{d}\xi}{\mathrm{d}t} + \frac{kA}{Mc_v}\xi = 0 \qquad \text{mit} \quad \xi = T - T_u - \frac{\overset{\bullet}{W}_{diss}}{kA} \tag{3.45}$$

als der abhängigen Variablen einführen. Diese Gleichung ist homogen. Sie läßt sich nach Trennung der Veränderlichen [WM94] bestimmt integrieren. Die Lösung ist

$$\xi = \xi_0\,e^{-\frac{t}{t_R}} \qquad \text{mit} \quad \xi_0 = T_0 - T_u - \frac{\overset{\bullet}{W}_{diss}}{kA} \quad \text{und} \quad t_R = \frac{Mc_v}{kA}\,. \tag{3.46}$$

In dieser Gleichung ist t_R die **Relaxationszeit**. Wir erhalten die zeitabhängige Temperaturverteilung

$$T - T_u = \frac{\dot{W}_{diss}}{kA} + \left(T_0 - T_u - \frac{\dot{W}_{diss}}{kA}\right)e^{-\frac{t}{t_R}}. \tag{3.47}$$

Wie man sieht, genügt Gl.(3.47) der Anfangsbedingung $T(t = 0) = T_0$.
Strebt $t \to \infty$, so stellt sich der stationäre Zustand

$$(T - T_u)\big|_{t\to\infty} = \frac{\dot{W}_{diss}}{kA} \tag{3.48}$$

ein. Die im System dissipierte Energie ist gleich der an die Umgebung (nach außen) abgeführten Wärme.
Von Interesse ist noch der Fall $k \to 0$, d.h., es gibt keinen Wärmestrom über die Systemgrenze. Diesen Grenzfall enthält die Gl.(3.47) nicht. Die Dgl.(3.44) reduziert sich für $k \to 0$ auf

$$\frac{\mathrm{d}T}{\mathrm{d}t} = \frac{\dot{W}_{diss}}{Mc_v}. \tag{3.49}$$

Die der Anfangsbedingung genügende Lösung ist

$$T = T_0 + \frac{\dot{W}_{diss}}{Mc_v}t. \tag{3.50}$$

Da jetzt keine Wärme mehr abgeführt wird, strebt $T \to \infty$ für $t \to \infty$.
Vernachlässigen wir $\dot{W}_{diss}$, so geht Gl.(3.47) in

$$T - T_u = (T_0 - T_u)e^{-\frac{t}{t_R}} \tag{3.51}$$

über. Das dimensionslose Temperaturverhältnis $\Theta = (T - T_u)/(T_0 - T_u)$ hängt nur von der Relaxationszeit t_R ab. Die Relaxationszeit ist ein Maß dafür, wie schnell sich ein System durch Abgabe oder Aufnahme von Wärme einer geänderten Umgebungstemperatur annähert. Die dimensionslose Temperatur ändert sich stets zwischen dem Anfangswert $\Theta(t = 0) = 1$ und dem stationären Wert $\Theta(t \to \infty) = 0$. Insbesondere ist $\Theta(t = t_R) = 1/e = 0.3678$.

Beispiel 11:

Welche Leistung $\dot{W}_{el}$ ist für die elektrische Heizung eines Bungalows (Volumen $V = 100\,\mathrm{m}^3$, Außenfläche $A = 104\,\mathrm{m}^2$, mittlerer Wärmedurchgangskoeffizient der Außenwände $k = 0.8\,\mathrm{W/(m^2K)}$) vorzusehen, damit bei einer minimalen

Außentemperatur von $\vartheta_{außen,min} = -14^oC$ eine Raumlufttemperatur von $\vartheta_B = 22^oC$ gehalten wird?
Wie lange dauert bei der ermittelten Leistung im Winter, $\vartheta_{außen} = 0^oC$, das Aufheizen der Luft im Bungalow auf $\vartheta_{B1} = 10^oC$ bzw. $\vartheta_{B2} = 20^oC$, wenn diese zu Beginn ebenfalls die konstant vorausgesetzte Außentemperatur $\vartheta_{B,0}(t=0) = \vartheta_{außen} = 0^oC$ aufweist?
Die Berechnung soll vergleichsweise ohne und mit Berücksichtigung des Wärmeverluststromes durch die Außenwände erfolgen. Der Wärmeverlust in das Erdreich ist vernachlässigbar.

Lösung: Die Leistung der zu installierenden Heizung, die den Wärmeverluststrom durch die Wände kompensieren muß, folgt direkt aus Gl.(3.41)

$$\dot{W}_{el} = |\dot{Q}_{Verlust}| = k\,A\,(\vartheta_B - \vartheta_{außen,min}) = 0.8 \cdot 104(22 - (-14)) \approx 3\,\mathrm{kW}\,.$$

Vernachlässigt man bei der Betrachtung des Aufheizprozesses zunächst die Wärmeverluste an die Umgebung, so ändert sich die Raumtemperatur beginnend bei $\vartheta_{B,0} = 0^oC$ linear nach Gl.(3.50). Die Aufheizzeiten betragen:

$$t_1^\star = \frac{\vartheta_{B,1} - \vartheta_{B,0}}{\dot{W}_{el}}\rho\,V\,c_v = 295\,\mathrm{s} \approx 5\,\mathrm{min} \quad \text{und} \quad t_2^\star = 589\,\mathrm{s} \approx 10\,\mathrm{min}\,.$$

Die Dichte der Luft wurde dabei mit der Zustandsgleichung des idealen Gases ($R = 0.287\,\mathrm{kJ/(kgK)}$, $\varkappa = 1.4$, $c_v = 0.7175\,\mathrm{kJ/(kgK)}$) für einen Druck von $p = 10^5$ Pa und eine mittlere Raumlufttemperatur von $T = 283$ K zu $\rho = p/(RT) = 1.231\,\mathrm{kg/m^3}$ berechnet. Mit steigender Raumlufttemperatur tritt ein zunehmender Wärmeverlust an die Umgebung auf, der den instationären Prozeß beeinflußt. Der Temperaturverlauf $\vartheta(t)$ wird dann durch Gl.(3.47) beschrieben. Mit der Relaxationszeit des Systems $t_R = (Mc_v)/(kA) = (\rho V c_v)/(kA) = 1061$ s ≈ 17.7 min ergeben sich die Aufheizzeiten zu:

$$t_1 = -t_R \ln\left\{\frac{\vartheta_{B,1} - \vartheta_{außen} - \frac{\dot{W}_{el}}{kA}}{\vartheta_{B,0} - \vartheta_{außen} - \frac{\dot{W}_{el}}{kA}}\right\} = 345\,\mathrm{s} \approx 5.8\,\mathrm{min} \quad \text{und} \quad t_2 = 860\,\mathrm{s} \approx 14.3\,\mathrm{min}\,.$$

Der Vergleich mit den vereinfacht berechneten Werten $t_1^\star$ und $t_2^\star$ zeigt Unterschiede, die sich insbesondere mit fortschreitendem Aufheizprozeß vergrößern.
Abschließend sei bemerkt, daß die in dieser Weise vorgenommene Berechnung das Speichervermögen der Bausubstanz nicht berücksichtigt und damit ebenfalls nur als überschlägige Berechnung betrachtet werden kann. Eine genauere Berechnung erfordert weitergehende Kenntnisse des Wärmetransportes. ■

3.5 Der zweite Hauptsatz

Während der erste Hauptsatz prinzipiell alle Prozesse zuläßt, die das Energieerhaltungsprinzip erfüllen, schränkt der zweite Hauptsatz die Prozesse hinsichtlich ihrer Realisierbarkeit ein. Der erste Hauptsatz ist damit für die realen Prozesse eine notwendige, aber keine hinreichende Bedingung. Eine Aussage über die Zwangsläufigkeit der Richtung eines Prozesses trifft nur der zweite Hauptsatz, der alle diesbezüglichen Erfahrungen zusammenfaßt.

3.5.1 Das Prinzip der Irreversibilität

Die Erfahrung zeigt, daß alle natürlichen Prozesse in einer bestimmten Richtung ablaufen und der reversible Prozeß ein theoretischer Grenzfall ist. Ein Beispiel für die Irreversibilität realer Prozesse ist der Wärmeübergang zwischen zwei Systemen unterschiedlicher Temperatur, die durch eine diatherme Wand voneinander getrennt sind. Das Gesamtsystem sei abgeschlossen. Der Wärmestrom fließt von selbst ausschließlich von dem System höherer Temperatur in das System niedrigerer Temperatur, aber nie umgekehrt. Ein entsprechendes **Unmöglichkeitsprinzip**, welches eine wichtige Erfahrungsgrundlage des zweiten Hauptsatzes darstellt, wurde bereits 1850 von R. Clausius formuliert:

Satz 3.3 *Wärme kann nie von selbst von einem Körper niedrigerer auf einen Körper höherer Temperatur übergehen.*

Analog sind alle **Ausgleichsprozesse**, die mit einem Druckausgleich oder einem Konzentrationsausgleich verbunden sind, irreversibel. Bei der Einführung des Begriffes Arbeit hatten wir festgestellt, daß Reibungsarbeit einem System nur zugeführt werden kann. Damit ist eine bestimmte Prozeßrichtung verknüpft. In der Begründung des zweiten Hauptsatzes schreibt M. Planck:

Satz 3.4 *Alle Prozesse, bei denen Reibung auftritt, sind irreversibel.*

Beim Vergleich der mechanischen Arbeiten bei quasistatischer und nichtstatischer Kompression bzw. Expansion tritt entsprechend Gl.(3.8) ein stets positiver Anteil, die Dissipationsarbeit $W_{Vdiss12}$ auf. Sie erhöht die bei der Kompression aufzuwendende Arbeit und verringert die bei der Expansion gewinnbare Arbeit. Bei allen natürlichen Prozessen wird ein mehr oder weniger großer Anteil der in Arbeit umwandelbaren Energie dissipiert, d.h. unter Einhaltung des Energieerhaltungsprinzips in eine andere als die gewünschte Energieform umgewandelt. Technisch gesehen ist das eine Entwertung der Energie. Verallgemeinert gilt der

Satz 3.5 *Alle natürlichen Prozesse sind irreversibel. Bei ihnen nimmt, verursacht durch Energiedissipation (Reibung, plastische Verformung und elektrischer Widerstand) der Anteil der in Arbeit umwandelbaren Energie ab.*

Die quantitative Formulierung dieser Zusammenhänge erfordert die Einführung einer weiteren energetischen Zustandsgröße, der Entropie, die auf Clausius (1865) zurückgeht.

3.5.2 Entropie und zweiter Hauptsatz

Eine quantitative Aussage, die die eben besprochenen Erfahrungen zum Richtungsablauf von Prozessen berücksichtigt, läßt sich bereits unter Verwendung des ersten Hauptsatzes (3.21) bei Beschränkung auf adiabate Systeme und quasistatische Zustandsänderungen ableiten. Hierfür fassen wir die Terme des ersten Hauptsatzes, die Zustandsgrößen enthalten, auf der linken Seite der Gleichung

$$\mathrm{d}u + p\,\mathrm{d}v = \delta q + \delta w_{diss} \quad \text{bzw.} \quad (\mathrm{d}u + p\mathrm{d}v)_{ad} = \delta w_{diss} \geq 0 \tag{3.52}$$

zusammen. Der so erhaltene Ausdruck in Gl.(3.52) ist für adiabate Systeme bei irreversiblen Prozessen stets größer Null und lediglich im Grenzfall des reversiblen Prozesses gleich Null. Prozesse, für die sich ein negativer Wert von $(\mathrm{d}u + p\,\mathrm{d}v)_{ad}$ ergeben würde, sind nicht möglich. Durch die Wegabhängigkeit von $p(v)$ ist $(\mathrm{d}u+p\,\mathrm{d}v)_{ad}$ für nichtstatische Zustandsänderungen nicht bestimmbar. Gelingt es jedoch, die Aussage der Gl.(3.52) mit einer Zustandsgröße zu formulieren, so kann die Änderung dieser Zustandsgröße über einen reversiblen **Vergleichsprozeß** berechnet werden. Die mit dem Ausdruck $\mathrm{d}u + p\,\mathrm{d}v$ verknüpfte und durch einen realen Prozeß hervorgerufene Zustandsänderung vom Punkt (u, v) nach $(u + \mathrm{d}u, v + \mathrm{d}v)$ läßt sich stets auch durch einen reversiblen Vergleichsprozeß (VP) realisieren. Im reversiblen Vergleichsprozeß wird das Volumen durch Verrichten einer quasistatischen Arbeit $-p_{rev}\,\mathrm{d}v$ um den gleichen Anteil $\mathrm{d}v$ wie im nichtstatischen Fall geändert, und die Änderung der inneren Energie wird durch die entsprechende Wärme δq_{rev} herbeigeführt[3]. Im Vergleich beider Prozesse gilt unter Berücksichtigung des ersten Hauptsatzes (3.21) und der Gl.(3.7)

$$\mathrm{d}u = \delta q + \delta w = \delta q - p_{SG}\,\mathrm{d}v + \delta w_{diss} = (\delta q_{rev} - p_{rev}\mathrm{d}v)_{VP}\,, \tag{3.53}$$

woraus unter Beachtung von Gl.(3.8) die folgenden wichtigen Aussagen für δq_{rev} ableitbar sind:

$$\begin{aligned} \delta q_{rev} &= \mathrm{d}u + p_{rev}\,\mathrm{d}v\,, \\ \delta q_{rev} - \delta q &= -(p_{SG} - p_{rev})\mathrm{d}v + \delta w_{diss} \geq 0\,, \\ \delta q_{rev} \geq \delta q \quad &\text{insbesondere} \quad (\delta q_{rev})_{\delta q=0} \geq 0\,. \end{aligned} \tag{3.54}$$

[3]Eine adiabate Grenze kann nur für den realen Prozeß ($\delta q = 0$) angenommen werden, da die Wärme des reversiblen Vergleichsprozesses $(\delta q_{rev})_{\delta q=0}$ auch in diesem Fall von Null verschieden ist.

Die Beziehungen (3.54) sind hinsichtlich des Prozeßverlaufes äquivalent zur Gl.(3.52). Die Wärme δq_{rev} des reversiblen Vergleichsprozeßes ist eine Prozeßgröße und damit wegabhängig. Aus Gl.(3.53) folgt

$$\begin{aligned}\delta q_{rev} &= \mathrm{d}u(v,T^\star) + p(v,T^\star)\,\mathrm{d}v \\ &= \Big[\frac{\partial u(v,T^\star)}{\partial v} + p(v,T^\star)\Big]\mathrm{d}v + \frac{\partial u(v,T^\star)}{\partial T^\star}\mathrm{d}T^\star \\ &= M(v,T^\star)\,\mathrm{d}v + N(v,T^\star)\,\mathrm{d}T^\star .\end{aligned} \tag{3.55}$$

$M(v,T^\star)$ und $N(v,T^\star)$ sind stoffabhängige Funktionen vor den Differentialen $\mathrm{d}v$ und $\mathrm{d}T^\star$. Die Größe $T^\star$ ist die mit einer empirischen Skala gemessene Temperatur. δq_{rev} ist kein vollständiges Differential, denn die Integrabilitätsbedingung [WM94]

$$\frac{\partial M}{\partial T^\star} = \frac{\partial^2 u(v,T^\star)}{\partial T^\star \partial v} + \frac{\partial p(v,T^\star)}{\partial T^\star} \neq \frac{\partial N}{\partial v} = \frac{\partial^2 u(v,T^\star)}{\partial v \partial T^\star}$$

ist ganz offensichtlich verletzt. Mit Hilfe des sogenannten integrierenden Faktors $\mu(v,T^\star)$ gelingt es jedoch, den obigen linearen Differentialausdruck in das vollständige Differential $\mu\,\delta q_{rev} = \mu M\,\mathrm{d}v + \mu N\,\mathrm{d}T^\star = \mathrm{d}s$ zu wandeln, dessen Integral dann unabhängig von der Prozeßführung ist. Die erhaltene Zustandsgröße s ist die spezifische **Entropie**, die analog zu δq_{rev} die gewünschten Aussagen zum Prozeßablauf ermöglicht.[4]

---

[4]Für ein vertieftes Verständnis sei hier kurz das prinzipielle Vorgehen demonstriert. Die Integrabilitätsbedingung

$$\frac{\partial^2 s}{\partial T^\star \partial v} = \frac{\partial^2 s}{\partial v \partial T^\star} \quad \text{bzw.} \quad \frac{\partial}{\partial T^\star}(\mu M) - \frac{\partial}{\partial v}(\mu N) = 0$$

legt die Dgl.

$$\frac{1}{\mu}\Big(M\frac{\partial \mu}{\partial T^\star} - N\frac{\partial \mu}{\partial v}\Big) = \frac{\partial N}{\partial v} - \frac{\partial M}{\partial T^\star}$$

für den integrierenden Faktor μ fest. Die partielle Differentialgleichung hat unendlich viele Lösungen, die zu unterschiedlichen Funktionen s führen. Wir betrachten lediglich eine spezielle Lösung $\mu = \mu(T^\star)$, die für das perfekte Gas Gültigkeit haben soll. In diesem Fall ist $u = u(T)$, $\mathrm{d}u = c_v \mathrm{d}T$ und $\partial u(T)/\partial v = 0$. Demzufolge ergeben sich die Funktionen M und N zu $M(v,T) = p = RT/v$ und $N(v,T) = c_v = \text{const.}$ Unter diesen Voraussetzungen reduziert sich die Dgl. für μ auf die gewöhnliche Dgl. $(\mathrm{d}\mu)/(\mu\,\mathrm{d}T) = -1/T$, deren Lösung

$$\mu = \frac{1}{C\,T} \tag{3.56}$$

ist, wobei T die mit dem idealen Gasthermometer meßbare Temperatur ist. C ist eine Konstante größer Null. Allgemein läßt sich zeigen [El93], daß es eine vom Körper und den Stoffeigenschaften unabhängige Temperaturfunktion $T_{thermodyn}$ gibt, deren Kehrwert der integrierende Faktor $\mu = 1/T_{thermodyn}$ ist.

Satz 3.6 *Jedes System besitzt eine extensive Zustandsgröße S, die Entropie, bzw. die zugeordnete spezifische Größe s, deren Differential*

$$ds = \frac{du + p\,dv}{T_{thermodyn}} = \frac{dh - v\,dp}{T_{thermodyn}} = \frac{\delta q_{rev}}{T_{thermodyn}} \tag{3.57}$$

ist. In Gl.(3.57) ist $T_{thermodyn}$ die stets positive **thermodynamische Temperatur**, *die wegen ihrer Stoffunabhängigkeit auch als absolute Temperatur bezeichnet wird.*

Zwischen der absoluten thermodynamischen Temperatur und der Temperatur T des idealen Gasthermometers besteht der Zusammenhang

$$T_{thermodyn} = C\,T\,, \quad C > 0\,. \tag{3.58}$$

Beide Temperaturen sind identisch, wenn sie in einem Fixpunkt übereinstimmen. Als Referenzzustand hat man den Tripelpunkt des Wassers gewählt. Für diesen gilt die Festlegung

$$T_{thermodyn,ref} = T_{ref} = 273.16\,\mathrm{K}\,. \tag{3.59}$$

Die thermodynamische Temperatur und die Temperatur des idealen Gasthermometers stimmen damit überein, weshalb wir nachfolgend nur noch das Symbol T verwenden. Da sowohl T als auch die Änderung der inneren Energie bei konstantem Volumen meßbare Größen sind, ist entsprechend Gl.(3.57) auch die Änderung der Entropie eine experimentell bestimmbare Größe. Analog zur inneren Energie sind keine Absolutwerte bestimmbar.
Mit der Entropie steht jetzt eine Zustandsgröße zur Verfügung, die unabhängig vom Prozeßweg ist und die unter Zugrundelegung eines reversiblen Vergleichsprozesses stets berechenbar ist. Sie ermöglicht die quantitative Formulierung des zweiten Hauptsatzes. Mit Gl.(3.57) und Gl.(3.54) erhalten wir für das adiabate System den zweiten Hauptsatz

$$(\mathrm{d}S)_{ad} \geq 0 \quad \rightarrow \quad \begin{cases} (\mathrm{d}S)_{ad} > 0, & \text{irreversibler Prozeß}\,, \\ (\mathrm{d}S)_{ad} = 0, & \text{reversibler Prozeß}\,, \\ (\mathrm{d}S)_{ad} < 0, & \text{nicht möglicher Prozeß}\,. \end{cases} \tag{3.60}$$

Für nichtadiabate Systeme gilt entsprechend Gl.(3.54) die Clausiussche Ungleichung

$$\delta q_{rev} = T\,\mathrm{d}s \geq \delta q \quad \text{bzw.} \quad T\,\mathrm{d}s \geq \mathrm{d}u - \delta w\,, \tag{3.61}$$

wobei sich δq_{rev} auf den Vergleichsprozeß bezieht, der die gleiche Zustandsänderung wie der reale Prozeß bewirkt.

Im nichtadiabaten System ist an den Wärmetransport stets auch ein Transport von Entropie über die Systemgrenze geknüpft. Gemäß dem Zusammenhang $\delta q_{rev} = T\mathrm{d}s$ erniedrigt sich die Entropie eines Systems durch Wärmeabgabe. Sie erhöht sich durch Wärmeaufnahme. Allgemein gilt nach Gl.(3.57) für die Entropieänderung eines geschlossenen Systems bei quasistatischer Zustandsänderung unter Verwendung extensiver Größen

$$\mathrm{d}S = \frac{1}{T}(\mathrm{d}U + p\,\mathrm{d}V) = \frac{\delta Q}{T} + \frac{\delta W_{diss}}{T}\,, \tag{3.62}$$

wobei die Systemtemperatur T gleich der Temperatur T_{SG} an dem Teil der Systemgrenze ist, an dem die Wärme übertragen wird.
Die Entropieänderung eines geschlossenen Systems spaltet man in den Entropietransport δS_{Transp} über die Systemgrenze und die Entropieerzeugung δS_{irrev} durch irreversible Prozesse im Inneren des Systems auf:

$$\mathrm{d}S = \delta S_{Transp} + \delta S_{irrev}\,. \tag{3.63}$$

In geschlossenen Systemen tritt eine Entropieänderung durch Transport δS_{Transp} nur durch Wärme auf

$$\delta S_{Transp} = \frac{\delta Q}{T_{SG}} \gtreqless 0\,, \tag{3.64}$$

wobei in Systemen, die sich nicht im Gleichgewicht befinden, prinzipiell auch mehrere Wärmen δQ_i bei unterschiedlichen Temperaturen T_{SGi} übertragen werden können. Bei offenen Systemen tritt darüber hinaus noch ein an den Stoffstrom gebundener Entropietransport auf, der im Abschnitt 5.3 behandelt wird. Die Entropieproduktion

$$\delta S_{irrev} = \frac{\delta W_{diss}}{T} = \frac{\delta W_{el}}{T} + \frac{\delta W_R}{T} \geq 0 \tag{3.65}$$

bei einer quasistatischen Zustandsänderung kann durch die Reibungsarbeit eines Rührers bzw. durch die elektrische Arbeit eines Widerstandes verursacht werden. Ein weiterer Beitrag zur Entropieproduktion tritt bei nichtstatischen Prozessen auf, die im Abschnitt 3.5.5 behandelt werden. Die **dissipierte Energie** Ψ ergibt sich durch Multiplikation der Gl.(3.65) mit T:

$$\delta\Psi = T\,\delta S_{irrev} = \delta W_{diss} = \delta W_{el} + \delta W_R \geq 0\,. \tag{3.66}$$

Sie ist im allgemeinen größer als die Dissipationsarbeit und ein Maß für den bei dem Prozeß eingetretenen Verlust an Arbeitsfähigkeit der Energie (vergl. Abschnitt 3.5.5).

Die **Entropiebilanz**, die die zeitliche Änderung der Entropie des Systems beschreibt,

$$\frac{\mathrm{d}S}{\mathrm{d}t} = \frac{\delta S_{Transp}}{\mathrm{d}t} + \frac{\delta S_{irrev}}{\mathrm{d}t} = \dot{S}_{Transp}\,(t) + \dot{S}_{irrev}\,(t) \tag{3.67}$$

enthält den **Entropiestrom** $\dot{S}_{Transp}$ durch Transport über die Systemgrenze und die **Entropieproduktion** $\dot{S}_{irrev}$ durch Irreversibilitäten. Durch den Produktionsterm unterscheidet sich die Entropiebilanz von der Energiebilanz. Es gibt daher keinen Entropieerhaltungssatz.

Will man die Aufspaltung der Entropieänderung eines nichtadiabaten Systems in einen Transport- und einen Produktionsterm vermeiden, so bildet man ein adiabates Gesamtsystem. Dieses umfaßt das betrachtete System und alle Teilsysteme, die in Wechselwirkung stehen. Die Entropieänderung des adiabaten Gesamtsystems ist:

$$(\mathrm{d}S_{ges})_{ad} = \Big(\sum_j \mathrm{d}S_j\Big)_{ad} = \sum_j \delta S_{Transp,j} + \sum_j \delta S_{irrev,j} = \sum_j \delta S_{irrev,j} \geq 0\,. \tag{3.68}$$

Da die Summe aller Transportanteile Null ergibt, ist $(\mathrm{d}S_{ges})_{ad}$ gleich der Summe der Entropieproduktion der Teilsysteme. Diese muß stets gleich oder größer Null sein. Zusammenfassend lassen sich die folgenden gleichwertigen Aussagen formulieren:

Satz 3.7 Zweiter Hauptsatz: *Die Entropie eines geschlossenen adiabaten Systems kann nicht abnehmen. Sie nimmt bei irreversiblen Prozessen zu und bleibt bei reversiblen Prozessen konstant*

$$\left(dS\right)_{ad} = dS_{irrev} \geq 0\,. \tag{3.69}$$

Für ein geschlossenes nichtadiabates System gilt

$$\delta S_{irrev} = dS - \delta S_{Transp} \geq 0\,. \tag{3.70}$$

Für ein aus mehreren Teilsystemen gebildetes adiabates Gesamtsystem ist

$$\left(dS_{ges}\right)_{ad} = \Big(\sum_j dS_j\Big)_{ad} = \sum_j \delta S_{irrev,j} \geq 0\,. \tag{3.71}$$

Beispiel 12:

Zwei Teilsysteme A und B, die ein abgeschlossenes Gesamtsystem bilden, besitzen eine gemeinsame diatherme Grenze. Für die Temperaturen gelte $T_B > T_A$.

Bestimmen Sie die differentielle Entropieänderung $\mathrm{d}S$ des Gesamtsystems im Zeitintervall $\mathrm{d}t$!

Lösung: Aus der Erfahrung ist bekannt, daß infolge $T_B > T_A$ vom Teilsystem B zum Teilsystem A ein Wärmestrom $\dot{Q}$ fließt. Mit dem Wärmestrom ist auch ein Entropiestrom verbunden. Für das abgeschlossene Gesamtsystem ist die innere Energie $U = U_A + U_B = \text{const}$ und demzufolge betragen die differentiellen Änderungen der Teilsysteme $\mathrm{d}U_A = -\mathrm{d}U_B = |\delta Q| = |\dot{Q}|\mathrm{d}t$. Volumenänderungsarbeit $p\mathrm{d}V$ und Dissipationsarbeit δW_{diss} werden bei diesem Prozeß nicht verrichtet. Somit folgt aus Gl.(3.57) für die differentiellen Entropieänderungen

$$\mathrm{d}S_A = \frac{\mathrm{d}U_A}{T_A} > 0 \quad \text{und} \quad \mathrm{d}S_B = \frac{\mathrm{d}U_B}{T_B} = -\frac{\mathrm{d}U_A}{T_B} < 0\,.$$

Die Entropieänderung $\left(\mathrm{d}S_{ges}\right)_{ad}$ des Gesamtsystems während der Zeitdauer $\mathrm{d}t$

$$\left(\mathrm{d}S_{ges}\right)_{ad} = \mathrm{d}S_A + \mathrm{d}S_B = \frac{\mathrm{d}U_A}{T_A} + \frac{\mathrm{d}U_B}{T_B} = \left(\frac{1}{T_A} - \frac{1}{T_B}\right)\mathrm{d}U_A \qquad (3.72)$$

setzt sich aus den Entropieänderungen der Teilsysteme additiv zusammen, da die Entropie eine extensive Zustandsgröße ist. Wie man unmittelbar der Gl.(3.72) bzw.

$$(\mathrm{d}S_{ges})_{ad} = \frac{T_B - T_A}{T_A T_B}\mathrm{d}U_A = \frac{T_B - T_A}{T_A T_B}|\delta Q| > 0$$

entnimmt, ist wegen $T_B > T_A$ und $|\delta Q| > 0$ auch $\mathrm{d}S > 0$. Bei dem Transportprozeß nimmt die Entropie des abgeschlossenen Gesamtsystems zu! Es handelt sich um einen irreversiblen Prozeß. Nur im theoretischen Grenzfall $T_A = T_B$ wird die Wärme reversibel übertragen. Der zeitabhängige Vorgang bis zum Temperaturausgleich wird in [Ib97] dargestellt. ■

3.5.3 Die Entropie als Zustandsgröße

Mit der Entropie steht eine weitere thermodynamische Koordinate zur Verfügung, die den Wärmetransport zwischen System und Umgebung charakterisiert, Gl.(3.61). Über die Änderung der Entropie und die Änderung des Volumens (Arbeitskoordinate) lassen sich damit die Wechselwirkungen des Systems mit der Umgebung allgemein beschreiben. Neben dem p, v-Diagramm, welches besonders zur Darstellung der Volumen- und Druckänderungsarbeit geeignet ist, benutzt man das T, s-Diagramm zur Darstellung der reversibel übertragenen Wärme.

Um das T, s-Diagramm für einen bestimmten Stoff aufzustellen, benötigt man die thermische und energetische Zustandsgleichung. Die Entropie läßt sich dann mit Hilfe der Gln.(3.57)

$$\begin{aligned} \mathrm{d}s(T,v) &= \frac{1}{T}\big(\mathrm{d}u + p\mathrm{d}v\big) = \frac{c_v(T,v)}{T}\mathrm{d}T + \Big(\frac{1}{T}\frac{\partial u}{\partial v} + \frac{p(T,v)}{T}\Big)\mathrm{d}v\,, \\ \mathrm{d}s(T,p) &= \frac{1}{T}\big(\mathrm{d}h - v\mathrm{d}p\big) = \frac{c_p(T,p)}{T}\mathrm{d}T + \Big(\frac{1}{T}\frac{\partial h}{\partial p} - \frac{v(T,p)}{T}\Big)\mathrm{d}p \end{aligned} \tag{3.73}$$

berechnen. Die Integration ist unabhängig vom Weg möglich. Die Entropieänderung ist in Abhängigkeit von den Zustandsgrößen des Anfangs- und des Endzustandes darstellbar, wobei man als Anfangszustand einen Bezugszustand wählt. Wir betrachten jetzt ein ideales Gas mit konstanten spezifischen Wärmekapazitäten (perfektes Gas). Unter Beachtung der thermischen Zustandsgleichung $p = \rho R T$ bzw. $\mathrm{d}p/p = \mathrm{d}\rho/\rho + \mathrm{d}T/T$ und der Beziehungen $\partial u(v,T)/\partial v = 0$ und $\partial h(p,T)/\partial p = 0$ (Abschnitt 2.4) vereinfachen sich die Dgln.(3.73) zu:

$$\begin{aligned} \mathrm{d}s(v,T) &= c_v\frac{\mathrm{d}T}{T} + R\frac{\mathrm{d}v}{v}\,, \quad \mathrm{d}s(p,T) = c_p\frac{\mathrm{d}T}{T} - R\frac{\mathrm{d}p}{p}\,, \\ \mathrm{d}s(\rho,T) &= c_v\frac{\mathrm{d}T}{T} - R\frac{\mathrm{d}\rho}{\rho}\,, \quad \mathrm{d}s(p,\rho) = c_v\frac{\mathrm{d}p}{p} - c_p\frac{\mathrm{d}\rho}{\rho}\,. \end{aligned} \tag{3.74}$$

Diese Gleichungen lassen sich einfach integrieren, da ihre Koeffizienten konstant sind. Wir erhalten die Entropiefunktionen $s(v,T)$, $s(p,T)$, die weitere Formen der energetischen Zustandsgleichung perfekter Gase darstellen:

$$\begin{aligned} s - s_1 &= c_v\int_{T_1}^{T}\frac{\mathrm{d}T}{T} + R\int_{v_1}^{v}\frac{\mathrm{d}v}{v} = c_v\ln\frac{T}{T_1} + R\ln\frac{v}{v_1}\,, \\ s - s_1 &= c_p\int_{T_1}^{T}\frac{\mathrm{d}T}{T} - R\int_{p_1}^{p}\frac{\mathrm{d}p}{p} = c_p\ln\frac{T}{T_1} - R\ln\frac{p}{p_1}\,. \end{aligned} \tag{3.75}$$

Die Gleichungen sind unabhängig von der speziellen Zustandsänderung.
Eine für die praktische Anwendung zweckmäßige Form dieser Gleichungen unter Beachtung der Beziehungen

$$c_p - c_v = R\,, \quad \varkappa = \frac{c_p}{c_v}\,, \quad c_v = \frac{1}{\varkappa - 1}R\,, \quad c_p = \frac{\varkappa}{\varkappa - 1}R \tag{3.76}$$

lautet:

$$\frac{p}{p_1} = \Big(\frac{\rho}{\rho_1}\Big)^{\varkappa} e^{\frac{s-s_1}{c_v}} = \Big(\frac{v_1}{v}\Big)^{\varkappa} e^{\frac{s-s_1}{c_v}} = \Big(\frac{T}{T_1}\Big)^{\frac{\varkappa}{\varkappa-1}} e^{-\frac{s-s_1}{c_p-c_v}}\,. \tag{3.77}$$

Die Änderung der Entropie bei einer isochoren oder isobaren Zustandsänderung eines perfekten Gases ergibt sich unmittelbar aus den Gln.(3.75) zu:

$$\begin{aligned} s - s_1 &= c_v\ln\frac{T}{T_1} \quad \rightarrow \quad T = T_1\,e^{\frac{s-s_1}{c_v}} \quad \text{Isochore}\,, \\ s - s_1 &= c_p\ln\frac{T}{T_1} \quad \rightarrow \quad T = T_1\,e^{\frac{s-s_1}{c_p}} \quad \text{Isobare}\,. \end{aligned} \tag{3.78}$$

Im T, s-**Diagramm** eines perfekten Gases, Bild 17, sind die Isochoren und die Isobaren somit Exponentialfunktionen. Die Isochore verläuft steiler als die Isobare, da $c_p > c_v$ ist, Bild 17. Die reversible Zustandsänderung eines adiabaten Systems, bei der die Entropie konstant bleibt ($\mathrm{d}s = 0$), bezeichnet man als **isentrop**. Die isentrope Zustandsänderung hat beispielsweise eine große Bedeutung für die reversiblen Vergleichsprozesse der Gase in Verdichtern und Turbinen. Wir betrachten einen quasistatischen Prozeß von $1 \to 2$ im T, s-Diagramm. Die Fläche unter der Kurve im T, s-Diagramm entspricht der

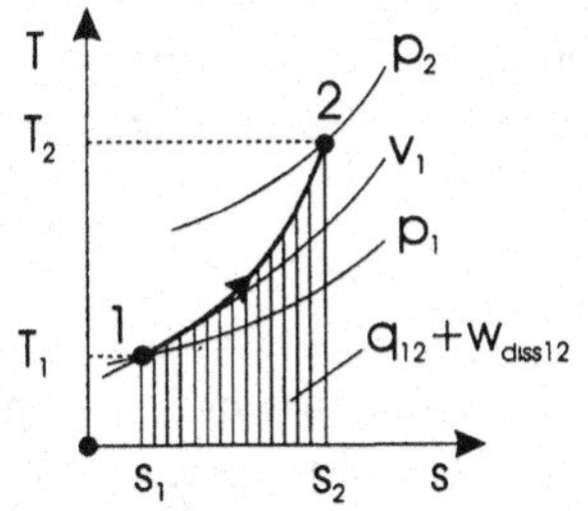

Bild 17 T, s-Diagramm

übertragenen Wärme q_{12} und der im Inneren des Systems dissipierten Arbeit w_{diss12}. Nach Gl.(3.62) ist

$$(q_{12} + w_{diss12})_{quasistat} = q_{12} + \psi_{12} = \int_1^2 T\,\mathrm{d}s\,. \tag{3.79}$$

Nur bei reversiblen Prozessen ist die zu- oder abgeführte Wärme $q_{12rev} = \int_1^2 T\mathrm{d}s$ gleich der Fläche unter dem Zustandsverlauf. Die Entropieänderung ist bei Wärmezufuhr ($\delta q > 0$) positiv.

Die Entropieänderung einer Flüssigkeit oder eines Festkörpers, für die ρ =const und $c_p = c_v = c_{fl}$ gelten, genügt der Gleichung

$$s_2 - s_1 = \int_{T_1}^{T_2} \frac{c_{fl}}{T}\mathrm{d}T,$$

und mit c_{fl} = const ist

$$s_2 - s_1 = c_{fl} \ln\frac{T_2}{T_1}\,. \tag{3.80}$$

Für isobare Zustandsänderung gilt stets unabhängig vom Stoff

$$(s_2 - s_1)|_{p_1=\mathrm{const}} = \int_{T_1}^{T_2} \frac{c_p(T, p_1)}{T}\mathrm{d}T\,. \tag{3.81}$$

Eine Zustandsänderung in einem nichtadiabaten System kann auch dann isentrop verlaufen, wenn die dissipierte Energie durch Wärmeabgabe genau kompensiert wird.

3.5.4 Reversible und irreversible Zustandsänderungen in adiabaten Systemen

Bei reversiblen Prozessen verläuft die Zustandsänderung in adiabaten Systemen isentrop. Mit $\mathrm{d}s = 0$ bzw. $s - s_1 = 0$ ergeben sich für perfekte Gase aus den Gln.(3.77) die **Isentropenbeziehungen**:

$$\frac{p}{p_1} = \left(\frac{\rho}{\rho_1}\right)^{\varkappa} = \left(\frac{v_1}{v}\right)^{\varkappa} = \left(\frac{T}{T_1}\right)^{\frac{\varkappa}{\varkappa-1}} . \qquad (3.82)$$

Das Verhältnis der spezifischen Wärmekapazitäten $\varkappa$ charakterisiert den Anstieg der Isentropen eines perfekten Gases im p, v-Diagramm

$$p|_{s=\mathrm{const}} = \frac{\mathrm{const}}{v^{\varkappa}} = \frac{p_1 v_1^{\varkappa}}{v^{\varkappa}} \quad \rightarrow \quad \frac{\partial p(v,s)}{\partial v} = -\varkappa \frac{\mathrm{const}}{v^{\varkappa+1}} . \qquad (3.83)$$

$\varkappa$ ist der **Isentropenexponent**. Die gelegentlich verwendete Bezeichnung Adiabatenexponent sollte vermieden werden. Die Gl.(3.82) ist nur für reversible Zustandsänderungen gültig. Da $\varkappa > 1$ ist, hat die Isentrope einen größeren Anstieg im p, v-Diagramm als die Isotherme, Bild 18. Die Gleichung der Isothermen (Zustandsänderung bei konstanter Temperatur) $p|_{T=\mathrm{const}} = \mathrm{const}/v = RT/v = p_1\, v_1/v = p_2\, v_2/v$ ist eine gleichseitige Hyperbel im p, v-Diagramm.
Die durch den Zustandspunkt 1 im p, v-Diagramm verlaufende Isentrope grenzt entsprechend der Aussage des zweiten Hauptsatzes $(\mathrm{d}s)_{ad} \geq 0$ den Zustandsbereich ab, der ausgehend von diesem Punkt bei adiabater Systemgrenze nicht erreichbar ist. Dieser Bereich ist im Bild 18 schraffiert gekennzeichnet. Für alle vom Punkt 1 ausgehenden natürlichen Prozesse (reibungsbehaftet, irreversibel) liegt der Zustandspunkt 2 in adiabaten Systemen außerhalb des schraffierten Bereiches. Nur im Grenzfall des reversiblen, adiabaten Prozesses liegt 2_{rev} auf der durch den Punkt 1 verlaufenden Isentropen.

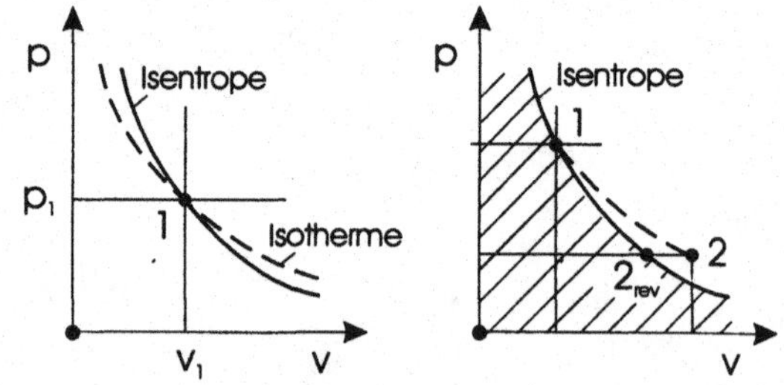

Bild 18 p, v-Diagramm eines perfekten Gases

Analog befinden sich im T, s-Diagramm die Endpunkte der Zustandsänderung bei realem Prozeßverlauf im adiabaten System stets im Bereich zunehmender Entropie. Bild 19 zeigt das am Beispiel der reibungsbehafteten Kompression von $1 \rightarrow 2$ und der Expansion von $3 \rightarrow 4$, wobei quasistatische Zustandsänderungen vorausgesetzt werden. Die unter dem Zustandsverlauf dargestellte schraffierte Fläche kennzeichnet im adiabaten Prozeß die dissipierte Energie

$$\int_1^2 T(s)\,\mathrm{d}s = w_{diss12}\,. \quad (3.84)$$

Sie ist im reversiblen Grenzfall, der durch den senkrechten Verlauf der Isentropen im T,s-Diagramm gekennzeichnet ist, gleich Null. Mit den Isentropenbeziehungen (3.82)

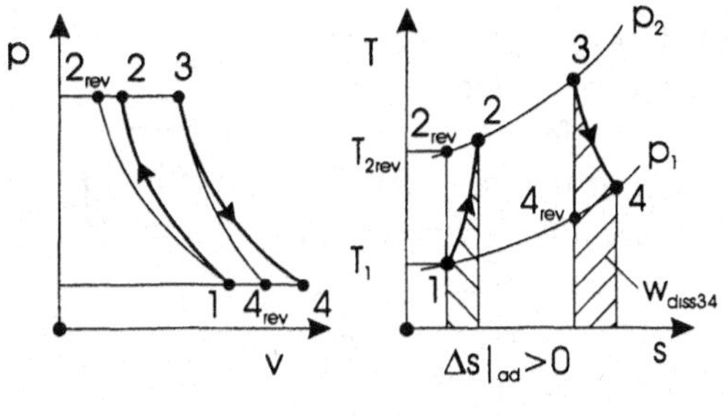

Bild 19 Adiabate Zustandsänderungen

darf man nur die Zustandsgrößen in den reversiblen Endzuständen 2_{rev} und 4_{rev}, z.B.

$$T_{2rev} = T_1\left(\frac{p_2}{p_1}\right)^{\frac{\varkappa-1}{\varkappa}} \quad \text{und} \quad T_{4rev} = T_3\left(\frac{p_4}{p_3}\right)^{\frac{\varkappa-1}{\varkappa}},$$

berechnen. Verläuft auch die reibungsbehaftete Zustandsänderung quasistatisch, so kann der reale Zustandsverlauf[5] in Anlehnung an die Isentropenbeziehung durch eine **Polytrope** mit $p\,v^n = \text{const}$ und $-\infty < n < \infty$ beschrieben werden. Für die irreversible adiabate Kompression gilt dann stets $n > \varkappa$, und für die irreversible adiabate Expansion ist $1 \leq n < \varkappa$, Bild 19.

3.5.5 Die Dissipationsenergie

Bei allen natürlichen Prozessen wird Energie dissipiert. Die Dissipationsenergie Ψ, Gl.(3.66), ist die mit der Entropieproduktion verbundene energetische Größe. Zu ihrer Interpretation ordnen wir dem realen Prozeß des geschlossenen Systems im Bild 20 einen reversiblen Vergleichsprozeß zu. Der Energietransport zwischen System und Umgebung vollzieht sich durch Volumenänderungsarbeit sowie durch Wärmetransport und Dissipationsarbeit ($\delta W_R + \delta W_{el}$). Dabei ändern sich die Arbeitskoordinate V und die Entropie S. Ausgehend vom gleichen Anfangszustand (S_1, V_1) führen beide Prozesse das System in den gleichen Endzustand $(S_1 + \mathrm{d}S, V_1 + \mathrm{d}V)$. Die Anfangs-, End- und alle Zwischenzustände des reversiblen Vergleichsprozesses sind Gleichgewichtszustände, in denen die

[5]Bei einem adiabaten Kompressor erwärmen sich infolge von Reibung Zylinder und Kolben zusätzlich. Jedem Volumen und damit jeder Kolbenstellung entsprechen im Vergleich mit dem reversiblen Prozeß andere Wertepaare p, T des Systems, die durch eine Polytrope beschreibbar sind. Im Fall der Kompression sind sowohl der Druck als auch die Temperatur höher. Durch den unterschiedlichen Integrationsweg unterscheiden sich damit auch die Volumenänderungsarbeiten des reversiblen und des irreversiblen Prozesses. Es gilt $W_{12} = -\int_1^2 p_{rev}(V)\mathrm{d}V + W_{R,12} = -\int_1^2 p_{polytrop}(V)\mathrm{d}V$.

Zustandsvariablen definiert sind. Der reale Prozeß kann quasistatisch oder nichtstatisch ablaufen, so daß nur die Kenntnis des Druckes p_{SG} und der Temperatur T_{SG} an der Systemgrenze vorausgesetzt werden kann. Die Änderung aller

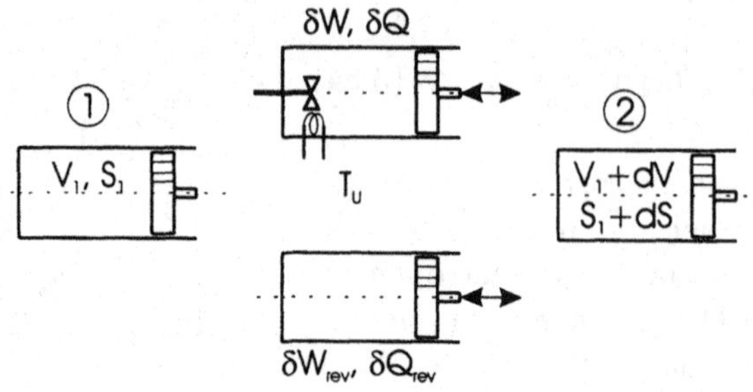

Bild 20 Reversibler und irreversibler Prozeß von 1 → 2

Zustandsgrößen, beispielsweise der inneren Energie $U(S,V)$ und der Entropie $S(V,U)$

$$dU = dU_{rev} \quad \text{und} \quad dS = dS_{rev}\,, \tag{3.85}$$

sind für beide Prozesse gleich. Die Änderung der inneren Energie berechnet man mit dem ersten Hauptsatz (3.20) und Gl.(3.16)

$$dU = \delta Q_{rev} - p_{rev}\,dV = \delta Q + \delta W = \delta Q - p_{SG}\,dV + \delta W_R + \delta W_{el}\,. \tag{3.86}$$

Gl.(3.63) ergibt in Verbindung mit Gl.(3.57) die Entropieänderung

$$dS = \frac{\delta Q_{rev}}{T_{rev}} = \delta S_{Transp,rev} = \delta S_{Transp,irrev} + \delta S_{irrev} = \frac{\delta Q}{T_{SG}} + \delta S_{irrev}\,. \tag{3.87}$$

Aus beiden Gleichungen sind die Entropieproduktion δS_{irrev} und die Dissipationsenergie $\delta\Psi = T_{SG}\,\delta S_{irrev}$, Gl.(3.66), direkt bestimmbar. Dazu stellen wir Gl.(3.87) nach δS_{irrev} um. In

$$\delta S_{irrev} = \frac{1}{T_{SG}}\Big(\delta Q_{rev} - \delta Q\Big) + \Big(\frac{1}{T_{rev}} - \frac{1}{T_{SG}}\Big)\delta Q_{rev} \tag{3.88}$$

ersetzen wir

$$\delta Q_{rev} - \delta Q = (p_{rev} - p_{SG})dV + \delta W_R + \delta W_{el} \tag{3.89}$$

mit Gl.(3.86). Für die Entropieproduktion gilt damit

$$\delta S_{irrev} = \frac{1}{T_{SG}}\Big[\delta W_R + \delta W_{el} - (p_{SG} - p_{rev})dV + \frac{T_{SG} - T_{rev}}{T_{rev}}\delta Q_{rev}\Big] \geq 0 \tag{3.90}$$

und für die Dissipationsenergie

$$\delta\Psi = T_{SG}\delta S_{irrev} = \Big[\delta W_{diss} - (p_{SG} - p_{rev})dV + \frac{T_{SG} - T_{rev}}{T_{rev}}\delta Q_{rev}\Big] \geq 0\,. \tag{3.91}$$

Mit

$$\begin{array}{llll} p_{SG} > p_{rev} & \text{für} \quad dV < 0\,, & T_{SG} > T_{rev} & \text{für} \quad \delta Q_{rev} > 0\,, \\ p_{SG} < p_{rev} & \text{für} \quad dV > 0\,, & T_{SG} < T_{rev} & \text{für} \quad \delta Q_{rev} < 0 \end{array}$$

sind alle Terme der Entropieproduktion positiv. Wie man der Gl.(3.90) entnimmt, wird eine Energiedissipation verursacht durch:

- die Dissipationsarbeit in Form von Reibungsarbeit W_R (Rührerarbeit) und elektrischer Widerstandsarbeit W_{el},
- den Mehraufwand bzw. den verminderten Gewinn an Volumenänderungsarbeit bei nichtstatischer Zustandsänderung (vergl. Aschnitt 3.2.2),
- den Wärmetransport in einem Temperaturgefälle bei nichtstatischer Zustandsänderung.

Den Zusammenhang der Energiedissipation mit dem Verlust an Arbeitsfähigkeit wollen wir ebenfalls an dem betrachteten geschlossenen System erläutern. Das System besitzt Arbeitsfähigkeit, wenn es sich nicht im thermischen und mechanischen Gleichgewicht mit der Umgebung befindet. Wir nehmen $T_1 > T_u$ und $p_1 > p_u$ an (Index u kennzeichnet den Umgebungszustand) und untersuchen den Prozeß, der das System vom Anfangszustand $1(p_1, T_1)$ in den Zustand $2_u(p_u, T_u)$ überführt, in dem es keine Arbeitsfähigkeit mehr besitzt. System und Umgebung fassen wir zu einem abgeschlossenen System zusammen und wenden auf beide Teilsysteme den ersten Hauptsatz an. Für das System gilt

$$U_{2_u} - U_1 = Q_{12u} + W_{12u} = Q_{12u} - \int_{V_1}^{V_{2u}} p_{SG}\, dV + W_{diss12_u}\,, \tag{3.92}$$

und für die Umgebung gilt unter der Voraussetzung konstanter Werte für p_u und T_u

$$\Delta U_u = Q_u - p_u\, \Delta V_u \quad \text{mit} \quad Q_u = -Q_{12_u} \quad \text{und} \quad \Delta V_u = -(V_{2_u} - V_1)\,. \tag{3.93}$$

Als nutzbare Arbeit W_{Nutz} ist die an der Kolbenstange (bzw. an einer damit verbundenen Kurbelwelle) verfügbare Arbeit zu betrachten. Sie berechnet sich aus der Systemarbeit $W_{12_u} < 0$ (Entspannung) vermindert um die gegen den konstanten Luftdruck zu leistende Arbeit $p_u\, \Delta V_u$. Andererseits ist W_{Nutz} gleich der Summe der Änderungen der inneren Energien des Systems und der Umgebung, Gln.(3.92) und (3.93). Daher gilt

$$W_{Nutz} = W_{12_u} + p_u(V_{2_u} - V_1) = U_{2_u} - U_1 + \Delta U_u\,. \tag{3.94}$$

Ersetzt man in Gl.(3.94) ΔU_u mit Hilfe des zweiten Hauptsatzes

$$\left(\Delta S_{ges}\right)_{ad} = (S_{2_u} - S_1) + \Delta S_u = (S_{2_u} - S_1) + \frac{\Delta U_u}{T_u} + \frac{p_u \Delta V_u}{T_u} = S_{12_u,irrev} \geq 0,$$

also durch

$$\Delta U_u = -T_u(S_{2_u} - S_1) + p_u(V_{2_u} - V_1) + T_u\, S_{12_u,irrev}, \tag{3.95}$$

so erhält man

$$|W_{Nutz}| = -W_{Nutz} = U_1 - U_{2_u} + p_u(V_1 - V_{2_u}) - T_u(S_1 - S_{2_u}) - T_u S_{12_u,irrev}. \tag{3.96}$$

Die maximale Arbeit wird bei reversibler Prozeßführung ($S_{12_u,irrev} = 0$) verrichtet

$$|W_{Nutz}|_{max} = U_1 - U_{2_u} + p_u(V_1 - V_{2_u}) - T_u(S_1 - S_{2_u}). \tag{3.97}$$

Gl.(3.97) charakterisiert die **Arbeitsfähigkeit** eines geschlossenen Systems, die von dem Systemzustand (T_1, V_1) sowie vom Umgebungszustand (T_u, p_u) abhängt. Bei realen Prozessen tritt in Verbindung mit der Entropieproduktion stets ein Verlust an gewinnbarer Arbeit

$$|W_{Verlust}| = |W_{Nutz}|_{max} - |W_{Nutz}| = T_u S_{12_u,irrev} = \int_1^{2_u} \mathrm{d}\Psi \tag{3.98}$$

in Höhe der dissipierten Energie auf. Will man umgekehrt vom Zustand der Umgebung ausgehend im System den Zustand 1 einstellen, so ist Arbeit aufzuwenden ($W_{2_u1} > 0$). Der minimale Arbeitsaufwand ist für den reversiblen Prozeß erforderlich, während die Dissipation im realen Prozeß den Arbeitsaufwand erhöht[6]. Betrachtet man als Endzustand einen frei wählbaren Zustand 2, so ist die abgeleitete Aussage auf beliebige Prozesse erweiterbar, und es gilt der

Satz 3.8 *Bei allen realen Prozessen tritt eine Entropieproduktion und damit eine Energiedissipation auf, die verbunden ist mit einer Entwertung der Energie hinsichtlich ihrer Arbeitsfähigkeit. Im reversiblen Prozeß ist stets ein Minimum an Arbeit aufzuwenden bzw. ein Maximum an Arbeit zu gewinnen. Im Vergleich zweier Prozesse ist derjenige zu bevorzugen, bei dem weniger Entropie produziert und weniger Energie dissipiert wird.*

Neben den Aussagen zum Prozeßablauf besitzt der zweite Hauptsatz damit insbesondere auch Bedeutung für die Bewertung von Prozessen.

[6]Die Vergrößerung des Arbeitsaufwandes durch die Irreversibilität des Wärmeüberganges wird im Abschnitt 7.3.2 behandelt.

3.6 Fundamentalgleichungen und Maxwell-Relationen

Wir betrachten für das geschlossene System im Bild 10 einen reversiblen Prozeß ($\delta W_{el} = 0$, $\delta W_R = 0$). Die Änderung der inneren Energie ergibt sich dann aus der Beziehung

$$du = \delta q_{rev} - p\,dv = T ds - p\,dv\,, \tag{3.99}$$

die aus dem ersten Hauptsatz (3.21) und der Gl.(3.57) für die Entropie folgt. Die innere Energie des Gases steht mit der Arbeitskoordinate v und mit der den Wärmetransport beschreibenden Systemkoordinate s in Kontakt mit der Umgebung. Die spezifische innere Energie wird daher durch die Funktion $u = u(s, v)$ und das totale Differential

$$du(s, v) = \frac{\partial u(s, v)}{\partial s} ds + \frac{\partial u(s, v)}{\partial v} dv \tag{3.100}$$

beschrieben. Gl.(3.99) gilt entsprechend der Definitionsgleichung der Entropie (3.57) allgemein, wobei die Entropieänderung dann auch die Irreversibilitäten des Prozesses berücksichtigt. Aus dem direkten Vergleich der Gl.(3.99) mit dem totalen Differential (3.100) erhalten wir

$$\frac{\partial u(s, v)}{\partial s} = T \quad \text{und} \quad \frac{\partial u(s, v)}{\partial v} = -p\,. \tag{3.101}$$

Die innere Energie $u(s, v)$ erweist sich nach den Gln.(3.101) in Analogie zur Feldtheorie der Mechanik als thermodynamisches Potential, da sich alle thermodynamischen Größen aus ihm berechnen lassen. Nach den Gln.(3.101) sind $p = p(s, v)$ und $T = T(s, v)$. Stellen wir die letzte Beziehung nach $s = s(T, v)$ um und eliminieren s in $p(s, v)$, so erhalten wir die thermische Zustandsgleichung $p = p(T, v)$ in der bekannten Form und analog die energetische Zustandsgleichung $u = u(T, v)$.

Das Potential $u = u(s, v)$ ist damit der thermischen und energetischen Zustandsgleichung gleichwertig. Auf Grund dieser Bedeutung bezeichnet man $u(s, v)$ als **Fundamentalgleichung** oder kanonische Zustandsgleichung. Sie berücksichtigt die Aussagen des ersten und zweiten Hauptsatzes.

Die gleiche Bedeutung haben die Enthalpie $h(s, p)$, die freie Energie $f(T, v)$ und die freie Enthalpie $g(T, p)$ nach Gl.(2.6).

Wir leiten jetzt die Maxwell-Relationen her und in diesem Zusammenhang einige wichtige Beziehungen, die das Stoffverhalten der Systeme charakterisieren. Die Gleichungen gelten für einphasige einfache Fluide, deren Zustand durch zwei

unabhängige Variable festgelegt ist. Die betreffenden Funktionen seien im p, T-Bereich ($\mathcal{B}_T$) bis mindestens zur zweiten Ordnung partiell differenzierbar.
Mit der Fundamentalgleichung der inneren Energie

$$\mathrm{d}u(s,v) = T\,\mathrm{d}s - p\,\mathrm{d}v = \frac{\partial u(s,v)}{\partial s}\mathrm{d}s + \frac{\partial u(s,v)}{\partial v}\mathrm{d}v \tag{3.102}$$

erhalten wir aus der Übereinstimmung der gemischten 2. Ableitungen (Integrabilitätsbedingung)

$$\frac{\partial^2 u(s,v)}{\partial v \partial s} = \frac{\partial T(s,v)}{\partial v} = \frac{\partial^2 u(s,v)}{\partial s \partial v} = -\frac{\partial p(s,v)}{\partial s}$$

unmittelbar die erste **Maxwell-Relation**

$$\frac{\partial T(s,v)}{\partial v} = -\frac{\partial p(s,v)}{\partial s}\,. \tag{3.103}$$

Analog lassen sich aus den Potentialen der Enthalpie, der freien Energie und der freien Enthalpie weitere Beziehungen ableiten, die in Tabelle 3.1 zusammengestellt sind.

Funktion	Fundamentalgleichung	Maxwell-Relation
Innere Energie $u(s,v)$	$\mathrm{d}u(s,v) = T\,\mathrm{d}s - p\,\mathrm{d}v$	$\frac{\partial T(s,v)}{\partial v} = -\frac{\partial p(s,v)}{\partial s}$
bzw. $u(s,\rho)$	$\mathrm{d}u(s,\rho) = T\,\mathrm{d}s + \frac{p}{\rho^2}\mathrm{d}\rho$	$\frac{\partial T(s,\rho)}{\partial \rho} = \frac{1}{\rho^2}\frac{\partial p(s,\rho)}{\partial s}$
Enthalpie $h(s,p)$	$\mathrm{d}h(s,p) = T\,\mathrm{d}s + v\,\mathrm{d}p$	$\frac{\partial T(s,p)}{\partial p} = \frac{\partial v(s,p)}{\partial s}$
Freie Energie $f(T,v)$	$\mathrm{d}f(T,v) = -s\,\mathrm{d}T - p\,\mathrm{d}v$	$\frac{\partial s(v,T)}{\partial v} = \frac{\partial p(v,T)}{\partial T}$
Freie Enthalpie $g(p,T)$	$\mathrm{d}g(p,T) = -s\,\mathrm{d}T + v\,\mathrm{d}p$	$\frac{\partial s(p,T)}{\partial p} = -\frac{\partial v(p,T)}{\partial T}$

Tabelle 3.1 Thermodynamische Potentiale und Maxwell-Relationen

Mit Hilfe der Maxwell-Relationen lassen sich u.a. wichtige Aussagen zum Zustandsverhalten ableiten. Wir wenden uns einigen Beziehungen zu. Ausgangspunkt der Herleitung ist die Definitionsgleichung der Entropie (3.57). Unter Berücksichtigung von $\mathrm{d}u(v,T) = \frac{\partial u}{\partial v}\mathrm{d}v + \frac{\partial u}{\partial T}\mathrm{d}T$ und $c_v = \partial u(v,T)/\partial T$ erhalten wir

$$T\,\mathrm{d}s(v,T) = \mathrm{d}u(v,T) + p\,\mathrm{d}v = \Big[\frac{\partial u(v,T)}{\partial v} + p\Big]\mathrm{d}v + c_v\,\mathrm{d}T\,. \tag{3.104}$$

Vergleicht man die partiellen Ableitungen des vollständigen Differentials der Entropie $\mathrm{d}s(v,T)$ mit den partiellen Ableitungen in Gl.(3.104), so erhält man die Beziehungen:

$$\frac{\partial s(v,T)}{\partial v} = \frac{1}{T}\Big[\frac{\partial u(v,T)}{\partial v} + p\Big] \quad \text{und} \quad \frac{\partial s(v,T)}{\partial T} = \frac{c_v}{T} = \frac{1}{T}\frac{\partial u(v,T)}{\partial T}\,. \tag{3.105}$$

Aus der ersten Gleichung folgt nach Anwendung der Maxwell-Relation $\partial s(v,T)/\partial v = \partial p(v,T)/\partial T$ eine Beziehung für die partielle Ableitung der inneren Energie nach dem spezifischen Volumen

$$\frac{\partial u(v,T)}{\partial v} = T\frac{\partial s(v,T)}{\partial v} - p = T\frac{\partial p(v,T)}{\partial T} - p = p\,(T\,\gamma - 1)\,. \qquad (3.106)$$

Dieser Differentialquotient läßt sich direkt mit der thermischen Zustandsgleichung $p(v,T)$ berechnen.
Mit Hilfe der Gl.(3.105) und der Maxwell-Relation $\partial s(v,T)/\partial v = \partial p(v,T)/\partial T$ ist noch eine Aussage über die Abhängigkeit der Wärmekapazität $c_v(v,T)$ von v möglich. Für die gemischten 2. Ableitungen der Entropie erhalten wir

$$\frac{\partial}{\partial v}\Big(\frac{\partial s(v,T)}{\partial T}\Big) = \frac{1}{T}\frac{\partial c_v(v,T)}{\partial v} = \frac{\partial}{\partial T}\Big(\frac{\partial s(v,T)}{\partial v}\Big) = \frac{\partial}{\partial T}\Big(\frac{\partial p(v,T)}{\partial T}\Big)\,.$$

Hieraus folgt die Beziehung

$$\frac{\partial c_v(v,T)}{\partial v} = T\frac{\partial^2 p(v,T)}{\partial T^2}\,, \qquad (3.107)$$

deren Integration für $T = T_0 = \text{const}$

$$c_v(v,T_0) = c_v(v_0,T_0) + T_0\int\limits_{v_0}^{v} \frac{\partial^2 p(v,T)}{\partial T^2}\Big|_{T=T_0} \mathrm{d}v \qquad (3.108)$$

ergibt. Die spezifische Wärmekapazität c_v läßt sich bei bekanntem $c_v(v_0,T)$ mit Hilfe der thermischen Zustandsgleichung bestimmen. Auf gleichem Wege erhält man ausgehend von der Fundamentalgleichung der Enthalpie die Beziehungen

$$\begin{aligned} \frac{\partial h(p,T)}{\partial p} &= v - T\frac{\partial v(p,T)}{\partial T} = \frac{1}{\rho}\Big[1 + \frac{T}{\rho}\frac{\partial \rho(p,T)}{\partial T}\Big] = v\,(1-\beta T)\,,\\ \frac{1}{T}\frac{\partial c_p(p,T)}{\partial p} &= -\frac{\partial^2 v(p,T)}{\partial T^2}\,,\\ c_p(p,T_0) &= c_p(p_0,T_0) - T_0\int\limits_{p_0}^{p} \frac{\partial^2 v(p,T)}{\partial T^2}\Big|_{T=T_0} \mathrm{d}p \end{aligned} \qquad (3.109)$$

und schließlich

$$c_p - c_v = -T\frac{\Big(\frac{\partial v(p,T)}{\partial T}\Big)^2}{\frac{\partial v(p,T)}{\partial p}} = -T\frac{\Big(\frac{\partial p(v,T)}{\partial T}\Big)^2}{\frac{\partial p(v,T)}{\partial v}} = v\,T\frac{\beta^2}{\chi} \geq 0\,. \qquad (3.110)$$

Neben den hier angegebenen Gleichungen sind weitere Zusammenhänge für spezielle Zustandsänderungen (z.B. für die Isentrope) ableitbar.

Beispiel 13:
Leiten Sie für ein reales Gas, das der van der Waalsschen Zustandsgleichung genügt, die energetische Zustandsgleichung $u(v, T)$ her, und stellen Sie unter der Annahme einer abschnittsweise konstanten spezifischen Wärmekapazität $c_v = \text{const}$ die Isentropenbeziehung $f(T, v) = 0$ dar!
Lösung: Das Differential der inneren Energie ist unter Beachtung der Gl.(3.106)

$$\mathrm{d}u(v,T) = \frac{\partial u(v,T)}{\partial v}\mathrm{d}v + \frac{\partial u(v,T)}{\partial T}\mathrm{d}T = \left[T\frac{\partial p(v,T)}{\partial T} - p\right]\mathrm{d}v + c_v\,\mathrm{d}T\,.$$

Die van der Waals Gl.(2.47), $p = \frac{RT}{v-b} - \frac{a}{v^2}$, hat die Differentialquotienten

$$\frac{\partial p(v,T)}{\partial T} = \frac{R}{v-b} \quad \text{und} \quad \frac{\partial^2 p(v,T)}{\partial T^2} = \frac{1}{T}\frac{\partial c_v(v,T)}{\partial v} = 0\,. \tag{3.111}$$

Damit erhalten wir für das Differential der inneren Energie $\mathrm{d}u(v,T) = \frac{a}{v^2}\mathrm{d}v + c_v(T)\,\mathrm{d}T$. Die Wärmekapazität c_v ist nur eine Funktion der Temperatur. Mit der mittleren spezifischen Wärme ergibt sich für das Integral

$$u(v,T) = u(v_0,T_0) - a\left(\frac{1}{v} - \frac{1}{v_0}\right) + c_v\big|_{T_0}^{T}(T - T_0)\,. \tag{3.112}$$

Im zweiten Teil der Aufgabe sei $c_v = \text{const}$. Für die isentrope Zustandsänderung ($\mathrm{d}s = 0$) folgt aus Gl.(3.104) und Gl.(3.106)

$$T\,\mathrm{d}s(v,T) = 0 = \left[\frac{\partial u(v,T)}{\partial v} + p\right]\mathrm{d}v + c_v\,\mathrm{d}T = T\frac{\partial p(v,T)}{\partial T}\mathrm{d}v + c_v\,\mathrm{d}T$$

und mit Gl.(3.111) $\frac{R}{v-b}\mathrm{d}v = \frac{R}{v-b}\mathrm{d}(v-b) = -c_v\,\frac{\mathrm{d}T}{T}$. Diese Gleichung integrieren wir zwischen den Punkten v_0, T_0 und v, T. Das Ergebnis

$$\frac{v-b}{v_0-b} = \left(\frac{T_0}{T}\right)^{\frac{c_v}{R}} \tag{3.113}$$

ist die Isentrope eines van der Waals Gases. ■

4 Zustandsänderungen perfekter Gase

Prozesse bewirken eine Änderung des Systemzustandes. Dabei sind unterschiedliche Prozesse oft durch wenige typische Verläufe der Zustandsänderungen beschreibbar. Diese wollen wir für perfekte Gase am Beispiel des geschlossenen

Systems beschreiben. Die Zustandsänderung verlaufe dabei quasistatisch. Die gewonnenen Erkenntnisse sind prinzipiell auch auf offene Systeme übertragbar, was im Abschnitt 5 gezeigt wird. Ebenso sind komplizierte Prozesse meist in Teilprozesse zerlegbar, die sich mit den zu behandelnden Zustandsänderungen beschreiben lassen.

4.1 Elementare Zustandsänderungen

In einigen Beispielen haben wir bereits die Berechnung verschiedener Zustandsänderungen idealer Gase demonstriert. An dieser Stelle soll ein zusammenfassender Überblick über die elementaren Zustandsänderungen gegeben werden, bei denen jeweils eine charakteristische Zustandsgröße konstant ist. Wir unterscheiden:

- **Isochore Zustandsänderungen** mit $V = \text{const}$ bzw. $\mathrm{d}V = \mathrm{d}v = 0$, die in Behältern mit starrer Systemgrenze auftreten.

- **Isobare Zustandsänderungen** mit $p = \text{const}$ bzw. $\mathrm{d}p = 0$, bei denen eine konstante Kraft auf den beweglichen Teil der Systemgrenze wirkt.

- **Isotherme Zustandsänderungen** mit $T = \text{const}$ bzw. $\mathrm{d}T = 0$, die bei idealen Gasen stets auch Zustandsänderungen konstanter innerer Energie ($\mathrm{d}u = 0$) und konstanter Enthalpie (Isenthalpen, $\mathrm{d}h = 0$) sind. Entsprechend dem ersten Hauptsatz, Gl.(3.20), muß bei einer Kompression des Systems die in Form von Volumenänderungsarbeit zugeführte Energie als Wärme abgegeben werden. Umgekehrt ist bei der Expansion Wärme zuzuführen. Im reversiblen Grenzfall könnte die Wärmezu- bzw. -abfuhr auch bei der konstanten Umgebungstemperatur $T = T_u = \text{const}$ erfolgen.

- **Isentrope Zustandsänderungen** mit $S = \text{const}$ bzw. $\mathrm{d}S = \mathrm{d}s = 0$, die den Grenzfall des reversiblen Prozesses in Systemen mit adiabater Grenze (thermisch ideal isoliert) beschreiben, vergl. Abschnitt 3.5.4.

Zum besseren Verständnis sollen die Prozesse im p, v- und T, s-Diagramm dargestellt werden, Bild 21. Für perfekte Gase entspricht das T, s-Diagramm auch einem h, s-Diagramm. Die Isotherme ist im p, v-Diagramm eine gleichseitige Hyperbel $p = RT/v = \text{const}/v$. Die Isentrope ist eine Potenzfunktion $p = \text{const}/v^{\varkappa}$. In einem Zustandspunkt verläuft die Isentrope steiler als die Isotherme ($|\partial p/\partial v|_{s_1} > |\partial p/\partial v|_{T_1}$). Im T, s-Diagramm sind die Isochoren und Isobaren jeweils Exponentialfunktionen, Gln.(3.78), wobei der Anstieg der Isochoren steiler ist, als der der Isobaren durch den gleichen Zustandspunkt.

Im p, v-Diagramm sind die Volumenänderungs- und die Druckänderungsarbeit sowie im T, s-Diagramm die Wärme Q_{12rev} jeweils als Flächen darstellbar, Bild 21.

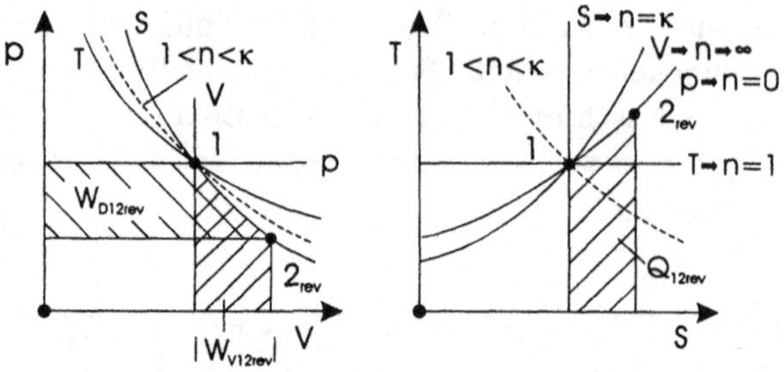

Bild 21 Elementare Zustandsänderungen

4.2 Polytrope Zustandsänderungen

Eine Reihe von Prozessen, wie z.B. die Kompression und die Expansion mit Wärmezu- oder -abfuhr kann man nicht mit den elementaren Zustandsänderungen beschreiben. Das trifft auch auf adiabate Systeme zu, wenn die Verdichtung und die Expansion irreversibel verlaufen. In diesen Fällen nutzt man für die Beschreibung des Zustandsverlaufes eine Polytrope. Für polytrope Zustandsänderungen gilt in Anlehnung an die funktionelle Beschreibung der Isentropen der Zusammenhang

$$p\,v^n = p_1\,v_1^n = p_2\,v_2^n = \text{const}\,. \tag{4.1}$$

Der Polytropenexponent n kann hierbei im Unterschied zum Isentropenexponenten beliebige Werte $-\infty < n < +\infty$ annehmen. Er ist vom jeweiligen Prozeßverlauf abhängig. Die Polytrope ist damit für die Beschreibung beliebiger realer Prozesse geeignet, gegebenenfalls unter Verwendung abschnittsweise veränderlicher Exponenten n. Die den elementaren Zustandsänderungen entsprechenden Werte von n sind im T, s-Diagramm des Bildes 21 eingetragen. Bei einer reibungsbehafteten Kompression in einem adiabaten System ist $n > \varkappa$, was bei gleicher Volumenänderung einem höheren Enddruck im Vergleich zur Isentrope entspricht. Wird bei der Kompression Wärme abgeführt, so sinkt der Enddruck, und n wird kleiner. Für den reversiblen Prozeß gilt dann $1 < n < \varkappa$. Ersetzt man in der Polytropenbeziehung Gl.(4.1) p oder v mit Hilfe der thermischen Zustandsgleichung $p\,v = R\,T$, so ist die bei der Zustandsänderung auftretende Temperaturänderung bestimmbar. Es gilt

$$\frac{T_2}{T_1} = \left(\frac{p_2}{p_1}\right)^{\frac{n-1}{n}} = \left(\frac{v_1}{v_2}\right)^{n-1}. \tag{4.2}$$

Im allgemeinen bleibt damit bei der Polytropen keine Zustandsgröße konstant, und es wird Energie sowohl in Form von Arbeit als auch Wärme über die Systemgrenze transportiert. Der Exponent n kann durch das Experiment bestimmt werden.

4.3 Berechnung der Zustandsgrößen

Zur Beschreibung der Zustandsgrößen einfacher Systeme ist es notwendig, den Anfangszustand durch zwei Zustandsgrößen, z.B. T_1, p_1, vorzugeben. Darüber hinaus muß die Art der Zustandsänderung und in der Regel eine nicht konstante Zustandsgröße für den Endzustand, z.B. p_2, bekannt sein. Die weiteren thermischen Zustandsgrößen sind dann mit Hilfe der thermischen Zustandsgleichung und des Zusammenhanges für die jeweilige Zustandsänderung berechenbar. Beispielsweise erhält man für eine Isochore

$$v_1 = \frac{RT_1}{p_1}, \quad v_2 = v_1, \quad p_2 = \frac{T_2}{T_1} p_1 . \tag{4.3}$$

Für die anderen elementaren Zustandsänderungen sind die Zusammenhänge in Tabelle 4.1 dargestellt.

	Isobare	Isotherme	Isentrope	Polytrope
$\frac{v_1}{v_2}$	$\frac{T_1}{T_2}$	$\frac{p_2}{p_1}$	$\left(\frac{p_2}{p_1}\right)^{\frac{1}{\varkappa}} = \left(\frac{T_2}{T_1}\right)^{\frac{1}{\varkappa-1}}$	$\left(\frac{p_2}{p_1}\right)^{\frac{1}{n}} = \left(\frac{T_2}{T_1}\right)^{\frac{1}{n-1}}$
$\frac{p_1}{p_2}$	1	$\frac{v_2}{v_1}$	$\left(\frac{v_2}{v_1}\right)^{\varkappa} = \left(\frac{T_1}{T_2}\right)^{\frac{\varkappa}{\varkappa-1}}$	$\left(\frac{v_2}{v_1}\right)^{n} = \left(\frac{T_1}{T_2}\right)^{\frac{n}{n-1}}$
$\frac{T_1}{T_2}$	$\frac{v_1}{v_2}$	1	$\left(\frac{p_1}{p_2}\right)^{\frac{\varkappa-1}{\varkappa}} = \left(\frac{v_2}{v_1}\right)^{\varkappa-1}$	$\left(\frac{p_1}{p_2}\right)^{\frac{n-1}{n}} = \left(\frac{v_2}{v_1}\right)^{n-1}$
$s_2 - s_1$	$c_p \ln \frac{T_2}{T_1}$	$-R \ln \frac{p_2}{p_1}$	0	$c_v \ln \frac{T_2}{T_1} + R \ln \frac{v_2}{v_1}$
w_{V12rev}	$-p_1(v_2 - v_1)$	$RT_1 \ln \frac{p_2}{p_1}$	$\frac{p_1 v_1}{\varkappa-1}\left[\left(\frac{p_2}{p_1}\right)^{\frac{\varkappa-1}{\varkappa}} - 1\right]$	$\frac{p_1 v_1}{n-1}\left[\left(\frac{p_2}{p_1}\right)^{\frac{n-1}{n}} - 1\right]$
w_{D12rev}	0	w_{V12rev}	$\varkappa\, w_{V12rev}$	$n\, w_{V12rev}$
q_{12rev}	$c_p (T_2 - T_1)$	$-w_{V12rev}$	0	$c_v \frac{n-\varkappa}{n-1}(T_2 - T_1)$

Tabelle 4.1 Zustandsänderungen idealer Gase

Bei Kenntnis von zwei Zustandsgrößen im Anfangs- und Endzustand sind dann alle weiteren Zustandsgrößen berechenbar, unabhängig von der Art der Zustandsänderung. Die innere Energie und die Enthalpie ergeben sich aus den energetischen Zustandsgleichungen (2.41) und (2.42) bzw. aus der Definitionsgleichung der Enthalpie (2.6). Die Entropie kann stets aus der für perfekte Gase integrierten Form (3.75) oder aus der differentiellen Form (3.74) bestimmt werden. Für die isochore Zustandsänderung folgt z.B. mit $\mathrm{d}v = 0$ bzw. $v_2 = v_1$

$$\mathrm{d}s = \frac{1}{T}(\mathrm{d}u + p\,\mathrm{d}v) = \frac{c_v\,\mathrm{d}T}{T} \quad \text{bzw.} \quad s_2 - s_1 = c_v \ln \frac{T_2}{T_1} . \tag{4.4}$$

Die spezifischen Wärmekapazitäten c_p und c_v lassen sich gegebenenfalls aus $\varkappa$ und R, Gln.(3.76), berechnen.

4.4 Berechnung der Prozeßgrößen

Im Unterschied zu den Zustandsgrößen ist die Berechnung der Prozeßgrößen stets abhängig vom Verlauf der Zustandsänderung. Dieser wird durch die jeweiligen Funktionen $p(v)$, $v(p)$ und $T(s)$ beschrieben. Der Prozeßverlauf muß für die Integration der Wärme sowie für die Volumen- und Druckänderungsarbeiten, Gln.(3.29) und (3.28), bekannt sein. Betrachten wir zunächst die Arbeiten, so erhält man für die isochore Zustandsänderung mit $\mathrm{d}v = 0$ und $v_2 = v_1$

$$(w_{V12})_{isoch} = -\int_1^2 p\,\mathrm{d}v = 0 \quad \text{bzw.} \quad (w_{D12})_{isoch} = \int_1^2 v\,\mathrm{d}p = v_1(p_2 - p_1)\,. \tag{4.5}$$

Analog liefert die Integration unter Berücksichtigung der Beziehung (4.1) für eine Polytrope die Volumenänderungsarbeit

$$\begin{aligned}(w_{V12})_{polyt} &= -\int_1^2 p(v)\,\mathrm{d}v = -p_1 v_1 \int_1^2 v^{-n}\,\mathrm{d}v = -\frac{p_1 v_1^n}{1-n} v^{1-n}\Big|_1^2 \\ &= \frac{p_1 v_1}{n-1}\left[\left(\frac{v_2}{v_1}\right)^{1-n} - 1\right] = \frac{p_1 v_1}{n-1}\left[\left(\frac{p_2}{p_1}\right)^{\frac{n-1}{n}} - 1\right]\end{aligned} \tag{4.6}$$

und die Druckänderungsarbeit

$$(w_{D12})_{polyt} = \int_1^2 v(p)\,\mathrm{d}p = p_1^{\frac{1}{n}} v_1 \int_1^2 p^{-\frac{1}{n}}\mathrm{d}p = \frac{n p_1 v_1}{n-1}\left[\left(\frac{p_2}{p_1}\right)^{\frac{n-1}{n}} - 1\right]. \tag{4.7}$$

Der aus dem Vergleich der beiden Gleichungen resultierende Zusammenhang $(w_{D12})_{polyt} = n(w_{V12})_{polyt}$ folgt auch direkt aus der Polytropenbeziehung

$$p v^n = \text{const} \quad \to \quad v^n \mathrm{d}p + n p v^{n-1}\mathrm{d}v = 0 \quad \to \quad v\,\mathrm{d}p = -n p\,\mathrm{d}v\,.$$

Sind die Arbeiten bekannt, so geht man bei der Berechnung der Wärme zweckmäßig vom ersten Hauptsatz (3.20) aus. Bei isochorer Zustandsänderung folgt für die Wärme mit $w_{diss} = 0$ und $\mathrm{d}v = 0$:

$$(q_{12})_{isoch} = u_2 - u_1 = c_v(T_2 - T_1)\,. \tag{4.8}$$

Ist die Zustandsänderung polytrop, so ergibt sich mit Gl.(4.6)

$$(q_{12})_{polyt} = c_v(T_2 - T_1) - \frac{R T_1}{n-1}\left[\left(\frac{p_2}{p_1}\right)^{\frac{n-1}{n}} - 1\right] - w_{12diss}\,. \tag{4.9}$$

Aus Gl.(4.9) ist mit $(p_2/p_1)^{\frac{n-1}{n}} = T_2/T_1$, $c_v = R/(\varkappa - 1)$ und $w_{12diss} = 0$ die Wärme bei reversibler polytroper Prozeßführung in Abhängigkeit der Temperaturänderung bestimmbar

$$(q_{12rev})_{polyt} = c_v\Big(1 - \frac{\varkappa - 1}{n - 1}\Big)(T_2 - T_1) = \frac{n - \varkappa}{n - 1} c_v(T_2 - T_1) = c_n(T_2 - T_1)\,. \quad (4.10)$$

c_n ist als spezifische Wärmekapazität bei reversibler polytroper Zustandsänderung zu deuten.
Die Wärme läßt sich nach Gl.(3.57) allgemein auch mit der Beziehung

$$q_{12rev} = \int_1^2 T(s)\,\mathrm{d}s \quad (4.11)$$

berechnen.
Die für die Polytrope demonstrierte Vorgehensweise ist auf die anderen Zustandsänderungen analog anwendbar. Die Ergebnisse sind in Tabelle 4.1 unter Verwendung spezifischer Größen zusammengefaßt. Dem Leser empfehlen wir, die Gleichungen selbst herzuleiten.

5 Bilanzierung offener Systeme

Ein offenes thermodynamisches System besitzt im Gegensatz zum geschlossenen System mindestens einen Eintritts- oder einen Austrittsquerschnitt, über den ein Massenstrom fließt. Im allgemeinen Fall strömen in das Bilanzgebiet (offenes System) N_i Massenströme $\dot{M}_i$ ein und N_j Massenströme $\dot{M}_j$ aus. Die offenen Systeme haben in der Technik große Bedeutung. Beispiele für offene Systeme sind Pumpen, Verdichter, Turbinen, Reaktoren, Wärmeübertrager, Dampferzeuger, ganze Anlagen, wie Kraftwerke, aber auch ein Stromröhrenabschnitt (Rohrleitungsabschnitt), Bilder 22 und 23. Für die offenen Systeme stellt man, ausgehend von den Erhaltungssätzen, Massen- und Energiebilanzen auf. Hierzu grenzt man einen geeigneten Kontrollraum, das Bilanzgebiet, ab. Die zweckmäßige Wahl der **Bilanzgrenze** ist von der Aufgabenstellung und der Verfügbarkeit der Bilanzgrößen an der gewählten Grenze abhängig. Beispielsweise kann die aus einem Turboverdichter und Kühler bestehende Anlage im Bild 22 als Gesamtsystem bilanziert werden. Interessiert man sich aber für die Zustandsgrößen (p_2, T_2) am Austritt des Verdichters, so muß man die Bilanzgrenze um das Einzelaggregat ziehen. Berücksichtigung in den Bilanzen finden stets nur die Ströme, die die jeweilige Bilanzgrenze überschreiten sowie die an dieser übertragenen Wärmen und Arbeiten. Die Bilanzen erlauben damit zwar keine speziellen Aussagen über die Vorgänge innerhalb des Bilanzgebietes, sie besitzen aber den Vorteil, daß Gleichgewichtszustände lediglich am Ein- und Austrittsquerschnitt vorliegen müssen.

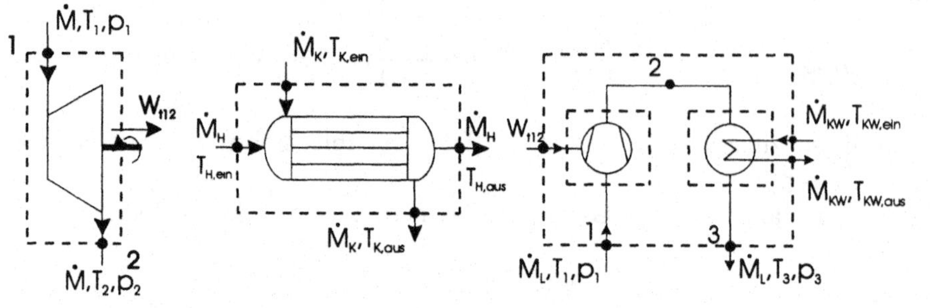

Bild 22 Beispiele offener Systeme: Turbine, Wärmeübertrager, Verdichter mit Kühler

Im Inneren des Bilanzgebietes dürfen durchaus Nichtgleichgewichtszustände auftreten. Die Zustandsgrößen wie Geschwindigkeit $c(s_k, t)$, Druck $p(s_k, t)$, Dichte $\rho(s_k, t)$, Temperatur $T(s_k, t)$ usw. sind im Bilanzgebiet über dem Querschnitt der Stromröhre gemittelte Größen, die von der Zeit t, aber im Unterschied zum geschlossenen System auch von der Ortskoordinate s_k abhängen können.

Offenen Systemen kann man kontinuierlich Wärme und Arbeit zuführen oder entziehen. Die Arbeit, die durch Wellen (Pumpen, Turboverdichter, Turbinen) über die Bilanzgrenze übertragen wird, bezeichnet man als **technische Arbeit** W_t und die auf die Zeit bezogene Größe $\dot{W}_t = \delta W_t/dt$ als technische Leistung. Sind die Wärme- und Massenströme, die Leistung sowie die Zustandsgrößen in den Ein- und Austrittsquerschnitten zeitunabhängig, so befindet sich das System in einem stationären Zustand. Im Unterschied zum geschlossenen System, können im offenen System **stationäre Prozesse** ablaufen, die mit einer Zustandsänderung des Fluides zwischen Ein- und Austrittsquerschnitt verbunden sind. Viele Maschinen, Apparate und Anlagen arbeiten überwiegend im stationären Betrieb. Lediglich die An- und Abfahrprozesse sind instationär.

Aus Übersichtsgründen wählen wir für die weiteren Betrachtungen ein Bilanzgebiet mit nur einem Eintrittsquerschnitt 1 und einem Austrittsquerschnitt 2. Wir geben dem Bilanzgebiet die Gestalt eines raumfesten Stromröhrenabschnittes (Rohrleitungsabschnitt) der Länge Δs_k, Bild 23.

5.1 Die Massenbilanz

Der Stromröhrenabschnitt im Bild 23 erweitere sich nur schwach in s_k-Richtung, so daß von einer eindimensionalen Fadenströmung ausgegangen werden kann.

In der Ein- und Austrittsebene wird der Stromröhrenabschnitt durch raumfeste Flächen 1 und 2 an den Stellen s_k und $s_k + \Delta s_k$ begrenzt. Raumfeste Begrenzungsflächen bedeuten hier, daß sich die Länge des Stromröhrenabschnittes Δs_k zeitlich nicht ändert. In diesem Abschnitt kennzeichnet der Index 1 den Ort s_k und nicht den Anfangszustand zum Zeitpunkt t. Der Index 2 kennzeichnet den Ort $s_k + \Delta s_k$. Die im Stromröhrenabschnitt zum Zeitpunkt t enthaltene Fluidmasse

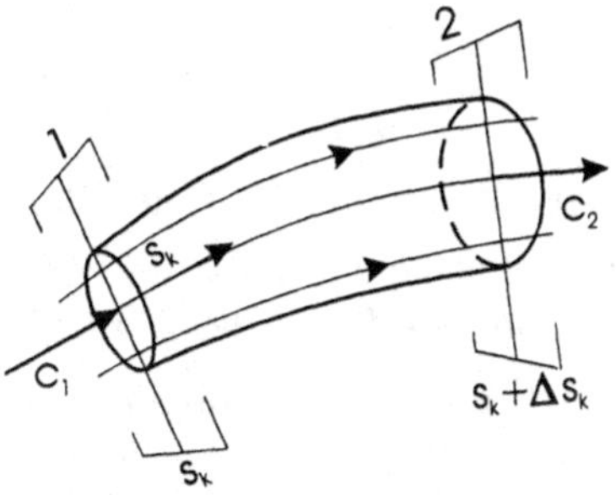

Bild 23 Stromröhrenabschnitt als Bilanzgebiet

beträgt $M = \int\limits_{\xi=s_k}^{s_k+\Delta s_k} \rho(\xi,t)\, A(\xi)\, \mathrm{d}\xi$. Durch den Ein- und Austrittsquerschnitt der Stromröhre fließen die Massenströme $\partial M_1/\partial t = \dot{M}_1 = c_1\, \rho_1\, A_1$ und $\dot{M}_2 = c_2\, \rho_2\, A_2$. Da Fluidmasse innerhalb des Stromröhrenabschnittes weder entstehen noch verschwinden kann, gilt die **Massenbilanz**

$$\dot{M}_2 - \dot{M}_1 = -\frac{\partial M}{\partial t} = -\int\limits_{\xi=s_k}^{s_k+\Delta s_k} \frac{\partial}{\partial t}(\rho A)\, \mathrm{d}\xi\,. \tag{5.1}$$

Gl.(5.1) besagt: *Wenn zum Zeitpunkt t im Querschnitt 2 der austretende Massenstrom $\dot{M}_2$ größer ist als der im Querschnitt 1 eintretende Massenstrom $\dot{M}_1$, dann muß sich im Inneren des Stromröhrenabschnittes die Masse M zeitabhängig verringern, d.h., es muß $\partial M/\partial t < 0$ sein.*
So erklärt sich auch das Vorzeichen in Gl.(5.1) auf der rechten Gleichungsseite. Die zeitliche Änderung der Masse im Bilanzgebiet ist möglich, da Gase kompressibel sind. Gl.(5.1) ist der **Kontinuitätssatz** der Fadenströmung in integraler Form. Für stationäre Fließprozesse lautet die Kontinuitätsgleichung

$$c_1\, \rho_1\, A_1 = c_2\, \rho_2\, A_2 = c\, \rho\, A = \dot{M} = \rho\, \dot{V} = \text{const}\,. \tag{5.2}$$

5.2 Die Energiebilanz

Bei der Herleitung der Energiebilanz am Beispiel des offenen Systems im Bild 24 berücksichtigen wir die Schwerkraft als einzige Feldkraft. Unter dieser Voraussetzung kann man die Energie E des Fluides (bzw. die spezifische Energie

e) im Bilanzgebiet als Summe von innerer, kinetischer und potentieller Energie definieren:

$$E = \int\limits_{\xi=s_k}^{s_k+\Delta s_k} \left(u + \frac{c^2}{2} + gz\right)\rho A \,\mathrm{d}\xi = \int\limits_{\xi=s_k}^{s_k+\Delta s_k} e\,\rho A \,\mathrm{d}\xi\,. \tag{5.3}$$

Im Zeitintervall dt findet über die Bilanzgrenze ein Transport der Massen $\mathrm{d}M_1 = \dot{M}_1\, dt$ im Eintrittsquerschnitt und $\mathrm{d}M_2 = \dot{M}_2\, dt$ im Austrittsquerschnitt statt. Über die Manteloberfläche des Kontrollraumes wird Energie in Form von Wärme $\delta Q = \dot{Q}\ (t)\, dt$ und Arbeit transportiert. Keine Wärme soll über den Ein- und Austrittsquerschnitt fließen. Die über die Welle zu- oder abgeführte mechanische Arbeit wird als **technische Arbeit** $\delta W_t = \dot{W}_t\, dt$ bezeichnet. Wird neben der Wellenleistung $\dot{W}_{Welle}$ zusätzlich noch eine elektrische Leistung $\dot{W}_{el}$ übertragen, so ist diese in die technische Leistung $\dot{W}_t = \dot{W}_{Welle} + \dot{W}_{el}$ einzubeziehen. Die Energiebilanz besagt dann:
Die Änderung der Energie dE des Bilanzgebietes ist gleich der Differenz der stoffstromgebundenen ein- und austretenden Energien ($e_1\,dM_1 - e_2\,dM_2$) *plus der Arbeit der Oberflächenkräfte plus der übertragenen Wärme plus der technischen Arbeit, Bild 24.*
Die Arbeit der Oberflächenkräfte besteht nur aus der Verschiebearbeit $p\,\mathrm{d}V = p\,v\,\mathrm{d}M = p\,v\,\dot{M}\,dt$ am Ein- und Austrittsquerschnitt. Die Arbeit der Schubspannungskräfte sei am Mantel des Bilanzgebietes Null und über dem Ein- und Austrittsquerschnitt vernachlässigbar. Es gilt:

$$\begin{aligned} \mathrm{d}E =& \left(u_1 + \frac{c_1^2}{2} + gz_1\right)\mathrm{d}M_1 + p_1 v_1 \mathrm{d}M_1 + \dot{Q}\,\mathrm{d}t + \dot{W}_t\,\mathrm{d}t \\ & - \left(u_2 + \frac{c_2^2}{2} + gz_2\right)\mathrm{d}M_2 - p_2 v_2 \mathrm{d}M_2\,. \end{aligned} \tag{5.4}$$

Die in den Strömungsquerschnitten 1 und 2 zu verrrichtende spezifische **Verschiebearbeit** pv faßt man zweckmäßig mit der spezifischen inneren Energie u zur spezifischen **Enthalpie** $h = u + pv$ als weitere energetische Zustandsgröße zusammen. Die technische Arbeit W_t ist somit die einzige in der **Energiebilanz**

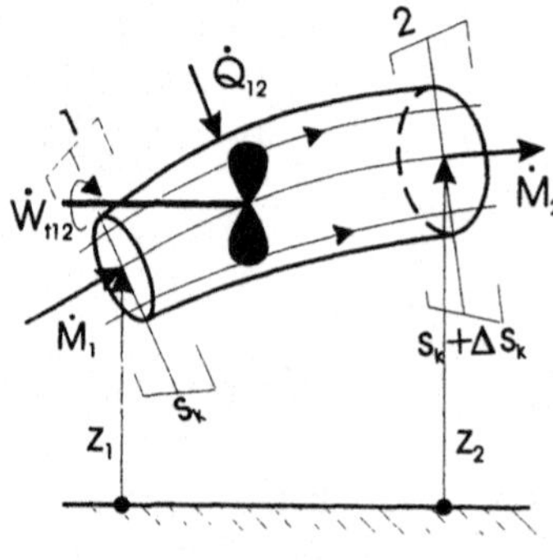

Bild 24 Offenes System

$$\dot{Q}_{12} + \dot{W}_{t12} = \frac{\partial E}{\partial t} + \dot{M}_2 \left(h_2 + \frac{c_2^2}{2} + gz_2\right) - \dot{M}_1 \left(h_1 + \frac{c_1^2}{2} + gz_1\right) \tag{5.5}$$

auftretende Arbeit. Gl.(5.5) lautet in der Verallgemeinerung auf N_i eintretende und N_j austretende Massenströme

$$\dot{Q}_{12} + \dot{W}_{t12} = \frac{\partial E}{\partial t} + \sum_{j=1}^{N_j} \dot{M}_j \left(h_j + \frac{c_j^2}{2} + gz_j\right) - \sum_{i=1}^{N_i} \dot{M}_i \left(h_i + \frac{c_i^2}{2} + gz_i\right). \tag{5.6}$$

In den weiteren Betrachtungen beschränken wir uns auf einen eintretenden und einen austretenden Massenstrom und auf **stationäre Prozesse**. In diesem Fall erhalten wir aus Gl.(5.6) unter Verwendung der technischen Leistung $\dot{W}_{t12} = \dot{M}\, w_{t12}$ und des **Wärmestromes** $\dot{Q}_{12} = \dot{M}\, q_{12}$

$$w_{t12} + q_{12} = h_2 - h_1 + \frac{1}{2}(c_2^2 - c_1^2) + g(z_2 - z_1) \tag{5.7}$$

in der massebezogenen (spezifischen) Schreibweise. Die Gln.(5.5), (5.6) und (5.7) enthalten nur Größen, die an der Oberfläche des Bilanzgebietes bestimmbar sind. Im Inneren des Bilanzgebietes dürfen dissipative Prozesse auftreten.

5.3 Die Entropiebilanz

Gegenüber dem geschlossenen System wird beim offenen System mit einem Massenstrom über die Ein- und Austrittsquerschnitte auch Entropie transportiert. Im betrachteten differentiellen Zeitabschnitt dt gilt

$$\mathrm{d}S_1 = s_1\, \mathrm{d}M_1 = s_1\, \dot{M}_1\, \mathrm{d}t \quad \text{und} \quad \mathrm{d}S_2 = s_2\, \mathrm{d}M_2 = s_2\, \dot{M}_1\, \mathrm{d}t\,.$$

Der jeweils bei der Temperatur T_{SGk} des k-ten Abschnittes an der Bilanzgrenze übertragene Wärmestrom $\dot{Q}_k$ führt den Entropiestrom $\dot{S}_{Q_k}$ mit sich, während die Leistung $\dot{W}_t$ die Entropie nicht ändert. Innerhalb des Stromröhrenabschnittes bewirken irreversible Prozesse die Entropieproduktion $\dot{S}_{irr} \geq 0$. Die Entropie

$$S = \int_V \rho\, s\, \mathrm{d}V = \int_{\xi=s_k}^{s_k+\Delta s_k} \rho\, s\, A\, \mathrm{d}\xi$$

innerhalb des Bilanzgebietes erfährt durch die genannten Entropieströme eine zeitliche Änderung. Die **Entropiebilanz** lautet unter Berücksichtigung von N_i ein-, N_j austretenden Stoffströmen und N_k übertragenen Wärmeströmen

$$\frac{\mathrm{d}S}{\mathrm{d}t} = \sum_{i=1}^{N_i} \dot{M}_i\, s_i - \sum_{j=1}^{N_j} \dot{M}_j\, s_j + \sum_{k=1}^{N_k} \dot{S}_{Qk} + \dot{S}_{irrev} = \dot{S}_{Transp} + \dot{S}_{irrev}\ . \tag{5.8}$$

Im Unterschied zum Massen- und Energieerhaltungssatz gibt es keinen Erhaltungssatz der Entropie. Bei realen Prozessen tritt eine Entropieproduktion auf, $\dot{S}_{irrev} > 0$. Die Entropieproduktion des stationären Prozesses läßt sich mit Hilfe der Gl.(5.8) berechnen. Mit einem eintretenden und einem austretenden Massenstrom $\dot{M}_1 = \dot{M}_2 = \dot{M}$ erhalten wir die Beziehung

$$\dot{S}_{irrev} = \dot{M}\,(s_2 - s_1) - \sum_{k=1}^{N_k} \dot{S}_{Qk} = \dot{M}\,(s_2 - s_1) - \sum_{k=1}^{N_k} \frac{\dot{Q}_k}{T_{SGk}}\,, \tag{5.9}$$

in der die Wärmeströme stets vorzeichenbehaftet einzusetzen sind.

5.4 Die technische Arbeit

Durch Berücksichtigung des ersten Hauptsatzes in der Energiebilanz läßt sich die Definitionsgleichung der technischen Arbeit ableiten. Hierzu ist der erste Hauptsatz auf ein Fluidelement $\mathrm{d}M = \rho\,\mathrm{d}V = \rho\,A\,\mathrm{d}s_k$ des Bilanzraumes anzuwenden.

Während im ersten Hauptsatz, Gl.(3.27), die Indizes 1 und 2 Zustände des gleichen Fluidelementes (Lagrangesche Betrachtungsweise) zu verschiedenen Zeiten charakterisieren, beschreiben die Indizes 1 und 2 in der Energiebilanz des offenen Systems, Gl.(5.7), den Zustand zweier verschiedener Fluidelemente (Eulersche Betrachtungsweise) zur gleichen Zeit an verschiedenen Orten. Zwischen diesen Betrachtungsweisen läßt sich folgender Zusammenhang herstellen.

Die im Zeitintervall $\mathrm{d}t$ in den Bilanzraum des offenen Systems eintretende Masse $\mathrm{d}M$ mit der Geschwindigkeit c betrachten wir als ein geschlossenes System. Wir verfolgen die Masse auf ihrem Weg von 1 nach 2. Entsprechend dem ersten Hauptsatz ändert sich die innere Energie dieses Massenelementes beim Durchströmen des Bilanzraumes in der Zeit $\Delta t = t_2 - t_1 = \int_{s_k}^{s_k+\Delta s_k} \frac{\mathrm{d}\xi}{c}$ durch die Wärme $Q_{12} = \int_{t_1}^{t_2} \dot{Q}\ \mathrm{d}t$, durch Volumenänderungsarbeit und durch Dissipationsarbeit infolge der Scherkräfte. In gleicher Weise ändert sich auch die Enthalpie des Massenelementes.

Da in einer Strömung innerhalb des offenen Systems das Fluidelement 2 am Ort $s_k + \Delta s_k$ zum Zeitpunkt t den gleichen Zustand besitzt wie das Fluidelement 1 zum Zeitpunkt $t + \Delta t$ am gleichen Ort $s_k + \Delta s_k$, darf man in der Energiebilanz des offenen Systems Gl.(5.7) die Enthalpiedifferenz $h_2 - h_1$ durch den ersten Hauptsatz Gl.(3.27) ersetzen. Wir erhalten die Berechnungsgleichung der **technischen Arbeit**

$$w_{t12} = \int_1^2 v\,\mathrm{d}p + \frac{1}{2}(c_2^2 - c_1^2) + g(z_2 - z_1) + w_{diss12} \tag{5.10}$$

in Abhängigkeit der Druckänderungsarbeit, der Änderungen der kinetischen und der potentiellen Energie und der Dissipationsarbeit bei einer quasistatischen Zustandsänderung. Die Gl.(5.10) ist insbesondere für die Berechnung des reversiblen Grenzfalles

$$w_{t12rev} = \int_1^{2rev} v\,\mathrm{d}p + \frac{1}{2}(c_2^2 - c_1^2) + g(z_2 - z_1) \tag{5.11}$$

von Bedeutung, da im allgemeinen die Dissipationsarbeit nicht bekannt ist. Vernachlässigt man die kinetische und die potentielle Energie, so ist die technische Arbeit

$$w_{t12rev} = \int_1^{2rev} v\,\mathrm{d}p = w_{D12} \tag{5.12}$$

gleich der Druckänderungsarbeit.

6 Technische Anwendungen

Die Anwendung der Bilanzgln.(5.2) und (5.7) sowie der Gl. (5.10) wollen wir an typischen Beispielen der Energietechnik demonstrieren. Besondere Bedeutung kommt der Festlegung der Bilanzgrenze, der Wahl der unabhängigen Variablen und der Berechnung der Enthalpie zu. Für die wichtigsten Anwendungen benutzt man:
Ideales Gas: $\mathrm{d}h = c_p\,\mathrm{d}T$ bzw. im Falle $c_p = \text{const} \rightarrow h_2 - h_1 = c_p(T_2 - T_1)$.
Ideale Flüssigkeit mit $\rho = \text{const}$: $\mathrm{d}h = \mathrm{d}u + v\,\mathrm{d}p = c_{fl}\,\mathrm{d}T + v\,\mathrm{d}p$.

6.1 Adiabate Strömungsprozesse

In der Technik lassen sich viele Strömungsvorgänge kompressibler Fluide z.B. in Leitungen, Diffusoren, Düsen usw. durch adiabate Prozesse annähern. Diese

Prozesse sind durch $q_{12} = 0$ und $w_{t12} = 0$ gekennzeichnet. Setzt man darüber hinaus $\Delta e_{pot} = 0$, so vereinfacht sich die Energiebilanz (5.7) für stationäre Prozesse zu

$$h_1 + \frac{c_1^2}{2} = h_2 + \frac{c_2^2}{2} = h_0 = \text{const} \tag{6.1}$$

und die differentielle Form der Gl.(5.10) zu

$$0 = v\,\mathrm{d}p + \delta w_{diss} + c\,\mathrm{d}c\,. \tag{6.2}$$

Die Ruheenthalpie h_0 bleibt bei diesem Vorgang konstant. Die Gl.(6.1) entspricht der **Bernoulli-Gleichung** der Gasdynamik. Bei fehlender Reibung verläuft die Zustandsänderung isentrop. Gl.(6.1) gilt in adiabaten Systemen sowohl für reversible als auch für irreversible Prozesse. Der Entspannungsprozeß eines perfekten Gases, z.B. in einer Düse, hat den im h,s-Diagramm, Bild 25, dargestellten Verlauf. Für perfekte Gase ist

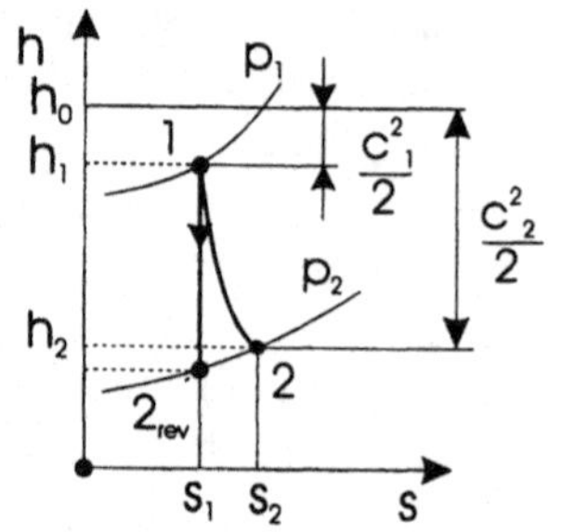

Bild 25 1 → 2 adiabate Entspannung, 1 → 2_{rev} isentrope Entspannung

aus dem T, s-Diagramm durch einfache Änderung des Ordinatenmaßstabes entsprechend $\Delta h = c_p \Delta T$ das h, s-Diagramm ableitbar. Bei einem irreversiblen adiabaten Prozeß legt die Entropiezunahme $s_2 - s_1 > 0$ den Zustandspunkt 2 nach der Entspannung zusammen mit p_2 fest.
Als weiteres Beispiel betrachten wir den **Drosselvorgang** einer plötzlichen Querschnittsverengung, wie sie z.B. in einer Armatur oder bei einer zur Volumenstrommessung genutzten Blende auftritt. Durch die plötzliche Querschnittserweiterung nach dem Blendenquerschnitt reißt die Strömung ab, Bild 26.

Es entsteht ein Wirbelgebiet, das erst in größerer Entfernung stromabwärts durch die sich wieder anlegende Strömung verschwindet. Der durch die Verwirbelung hervorgerufene Druckverlust $\Delta p_v = p_1 - p_2 > 0$

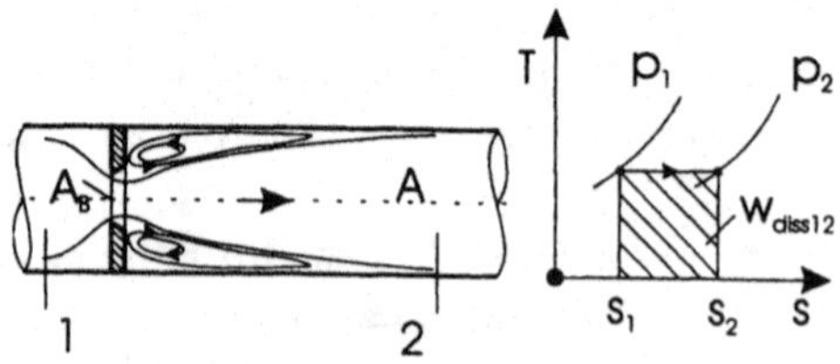

Bild 26 Drosselvorgang durch Blende im T, s-Diagramm

hängt von dem Flächenverhältnis A/A_B und dem Volumenstrom $\dot{V}$ ab. Er läßt sich näherungsweise mit Hilfe des Impulssatzes berechnen [Ib97], worauf wir hier nicht näher eingehen. Wir geben den Druckverlust vor. Unter den anfangs getroffenen Voraussetzungen und bei Vernachlässigung der Änderung der kinetischen Energie folgt aus der Energiebilanz (6.1) $h_2 = h_1$. Die adiabate Drosselströmung ist also näherungsweise ein Vorgang, bei dem die Enthalpie vor und nach der Drossel gleich ist. Wie wir im Abschnitt 2.4 gezeigt haben, hängen bei idealen Gasen die Enthalpie und die innere Energie nur von T ab. Deshalb bleibt beim Drosselvorgang eines idealen Gases die Temperatur konstant[1] ($T_2 = T_1$). Der adiabate Drosselvorgang ist mit einer Entropiezunahme verbunden. Ganz allgemein gilt zunächst nach der Gl.(3.75) für die Entropieänderung

$$s_2 - s_1 = c_p \ln \frac{T_2}{T_1} - R \ln \frac{p_2}{p_1} . \tag{6.3}$$

Da für den betrachteten Drosselvorgang des idealen Gases $h_2 = h_1$, $T_2 = T_1$ und $q_{12} = 0$ sind, folgt aus Gl.(6.3)

$$s_2 - s_1 = R \ln \frac{p_1}{p_2} = (\Delta s)_{ad} = \Delta s_{irrev} > 0 . \tag{6.4}$$

Die Drosselung ist ein typisch irreversibler Prozeß, der in der Regel auch durch nichtstatische Zwischenzustände gekennzeichnet ist. Nähert man den Zustandsverlauf durch die Isotherme eines quasistatischen Vergleichprozesses an, so folgt aus Gl.(3.62) $w_{diss12} = T_1(s_2 - s_1)$. Die Reibungsarbeit w_{diss12} ist dann gleich der im Bild 26 schraffierten Fläche im T, s-Diagramm.

6.2 Der Verdichter

Der Verdichtungsprozeß kann technisch mit Kolbenverdichtern oder Turboverdichtern verwirklicht werden. Wir wollen den Vorgang zunächst ideal ohne Reibungsverluste und ohne Berücksichtigung des schädlichen Raumes bei Kolbenverdichtern untersuchen. Setzen wir bei den Kolbenverdichtern weiterhin voraus, daß die periodische Arbeitsweise durch Mehrzylinderanordnungen und Druckkessel geglättet wird, so können Turbo- und Kolbenverdichter einheitlich mit den für stationär durchströmte Bilanzräume gültigen Gleichungen beschrieben werden. Von Interesse ist die Zustandsänderung, die möglichst wenig Verdichterarbeit erfordert. Wie wir dem Bild 27 entnehmen, ist die technische

[1]Bei realen Gasen ändert sich die Temperatur beim Drosselvorgang. Dieses Verhalten nennt man **Joule-Thomson-Effekt**. Er wird in der Kältetechnik genutzt. Wir schließen den Joule-Thomson-Effekt hier aus.

Arbeit w_{t12} bei einer isothermen Kompression geringer als bei einer isentropen. Zweckmäßig ist deshalb eine Kühlung der Verdichter. Diese ist durch die Konstruktion begrenzt nur bei Kolbenverdichtern möglich. Mehrstufige Turboverdichter arbeiten

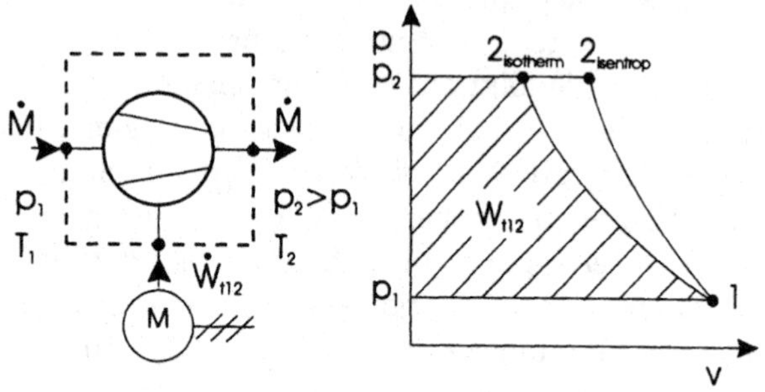

Bild 27 Bilanzraum eines Verdichters mit p, v-Diagramm

deshalb oft mit Zwischenkühlung. Das Gas durchströmt einen Wärmeübertrager, bevor es in die nächste Verdichterstufe eintritt. Man hält damit die Gastemperatur in werkstoff- und schmierungstechnisch erforderlichen Grenzen. Aber auch bei Kolbenverdichtern ist die für isotherme Verdichtung erforderliche intensive Kühlung technisch nicht realisierbar. Der Verdichtungsprozeß wird deshalb durch eine **polytrope** Zustandsänderung $pv^n = \text{const}$ mit $1 < n < \varkappa$ beschrieben, vergl. Abschnitt 4.2.

Für die weitere Betrachtung setzen wir perfekte Gase, vernachlässigbare kinetische und potentielle Energie und isentrope Zustandsänderung voraus. Die Energiebilanz (5.7) vereinfacht sich damit zu

$$w_{t12rev} = h_{2rev} - h_1 = c_p(T_{2rev} - T_1) \quad \text{mit} \quad T_{2rev} = T_1 \left(\frac{p_2}{p_1}\right)^{\frac{\varkappa-1}{\varkappa}} . \tag{6.5}$$

Die gleiche Beziehung läßt sich mit Gl.(5.11) unter Verwendung der Isentropenbeziehung (3.82) herleiten:

$$w_{t12rev} = \int_1^{2rev} v(p)\mathrm{d}p = p_1^{\frac{1}{\varkappa}} v_1 \int_1^{2rev} p^{-\frac{1}{\varkappa}} \mathrm{d}p = \frac{\varkappa}{\varkappa - 1} p_1 v_1 \left[\left(\frac{p_2}{p_1}\right)^{\frac{\varkappa-1}{\varkappa}} - 1\right] . \tag{6.6}$$

Beim realen Prozeß ist bedingt durch die Reibung ein Mehraufwand an technischer Arbeit erforderlich ($w_{t12} > w_{t12rev}$). Die Verdichtungstemperatur T_2 des realen Prozesses ist größer als T_{2rev}, Bild 28. Die Lage des Punktes 2 hängt von der Konstruktion und Ausführung des Verdichters ab und ist thermodynamisch einfach nicht vorherbestimmbar. Der reale Prozeß kann durch Messung der

Zustandsgrößen am Verdichteraustritt oder durch die Angabe des **Verdichterwirkungsgrades**

$$\eta_{V,isentrop} = \frac{w_{t12rev}}{w_{t12}} = \frac{h_{2rev} - h_1}{h_2 - h_1} \qquad (6.7)$$

beschrieben werden. Für die Arbeit und die Antriebsleistung des realen Prozesses

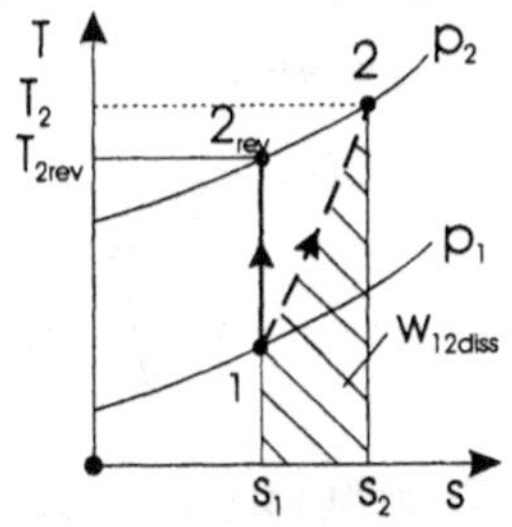

Bild 28 Verdichtungsprozeß

erhält man damit

$$w_{t12} = \frac{w_{t12rev}}{\eta_{V,isentrop}} \quad \text{und} \quad \dot{W}_{t12} = \dot{M}\, w_{t12} = \rho_1\, \dot{V}_1\, w_{t12}\,. \qquad (6.8)$$

Die tatsächliche Verdichtungstemperatur folgt aus der Energiebilanz

$$T_2 = T_1 + \frac{h_2 - h_1}{c_p} = T_1 + \frac{w_{t12}}{c_p} = T_1 + \frac{w_{t12rev}}{\eta_{V,isentrop} c_p}\,. \qquad (6.9)$$

Die Berechnung des realen Prozesses setzt gemäß dieser Vorgehensweise stets die vorhergehende Berechnung des reversiblen Prozesses voraus.

6.3 Die Gasturbine

Die Gasturbine ist neben anderen Anwendungen ein Teilaggregat des Flugzeug-Turbinenstrahltriebwerkes. Im Kraftwerk setzt man sie zum Antrieb des Generators ein. Dem verdichteten Arbeitsmittel wird in der Brennkammer oder in einem Wärmeübertrager Energie zugeführt, bevor es in die Turbine eintritt und dort unter Arbeitsabgabe entspannt wird. Wir betrachten hier den Entspannungsprozeß in der Turbine, Bild 29.

Näherungsweise verläuft die Zustandsänderung des Gases in der Turbine adiabat. Die Änderung der potentiellen und der kinetischen Energie des Arbeitsmittels ist vernachlässigbar. Unter dieser Voraussetzung und der Annahme eines perfekten Gases

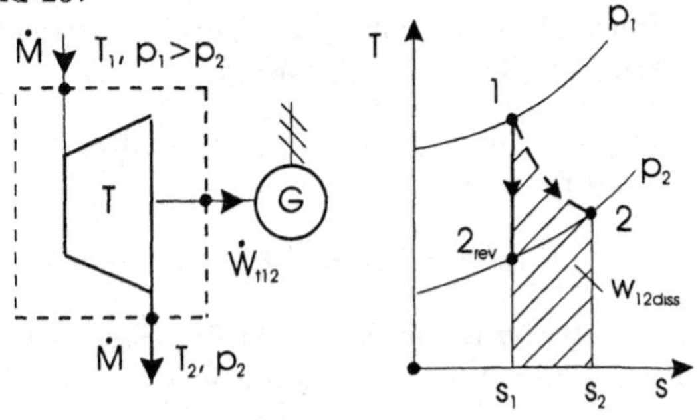

Bild 29 Bilanzraum einer Turbine mit T, s-Diagramm

erhalten wir für die reversible technische Arbeit bei isentroper Zustandsänderung die Gleichungen:

$$\begin{aligned} w_{t12rev} &= h_{2rev} - h_1 = c_p(T_{2rev} - T_1) \\ &= \int_1^{2rev} v(p)\,\mathrm{d}p = \frac{\varkappa}{\varkappa - 1} R T_1 \left[\left(\frac{p_2}{p_1}\right)^{\frac{\varkappa-1}{\varkappa}} - 1 \right]. \end{aligned} \tag{6.10}$$

Bei realer Prozeßführung, vergleiche Bild 29, ist die Turbinenaustrittstemperatur $T_2 > T_{2rev}$. Durch Dissipation tritt ein Verlust an gewinnbarer technischer Arbeit ein ($|w_{t12rev}| > |w_{t12}|$). Die bei der Entspannung tatsächlich nutzbare technische Arbeit hängt vom **Turbinenwirkungsgrad**

$$\eta_{T,isentrop} = \frac{w_{t12}}{w_{t12rev}} = \frac{h_2 - h_1}{h_{2rev} - h_1} \tag{6.11}$$

ab. Für die von der Turbine abgegebene Leistung gilt:

$$\dot{W}_{t12} = \dot{M}\ \eta_{T,isentrop}\, w_{t12rev} = \dot{M}\ \eta_{T,isentrop}\, c_p\, T_1 \left[\left(\frac{p_2}{p_1}\right)^{\frac{\varkappa-1}{\varkappa}} - 1 \right]. \tag{6.12}$$

Beispiel 14:
Eine wärmeisolierte Turbine wird mit einem perfekten Gas ($c_p = 1.2$ kJ/(kg K) und $R = 0.286$ kJ/(kg k)) stationär betrieben. Die Zustandsgrößen des Gases betragen im Eintrittsquerschnitt: $\vartheta_1 = 750^o$ C, $p_1 = 1$ MPa und $c_1 = 80$ m/s und im Austrittsquerschnitt: $\vartheta_2 = 365^o$ C, $p_2 = 0.1$ MPa und $c_2 = 100$ m/s.

1. Wie groß ist die spezifische technische Arbeit w_{t12}, die das Gas in der Turbine verrichtet?

2. Wie groß ist die Änderung der spezifischen Entropie bei diesem Prozeß?

3. Welche spezifische technische Arbeit w_{t12rev} könnte das Gas bei reibungsfreier Durchströmung der Turbine verrichten, und wie groß ist der isentrope Turbinenwirkungsgrad?

Lösung: Nach Gl.(5.7) ist mit $q_{12} = 0$ und $z_2 = z_1$ die spezifische technische Arbeit des realen Prozesses

$$w_{t12} = c_p(\vartheta_2 - \vartheta_1) + \frac{1}{2}(c_2^2 - c_1^2) = -462000 + 1800 = -460.2\,\mathrm{kJ/kg}.$$

Da der Austrittszustand des realen Prozesses vollständig bekannt ist (Bild 29), läßt sich nach Gl.(3.57) die Entropiezunahme aus

$$\mathrm{d}s = \frac{1}{T}(\mathrm{d}h - v\mathrm{d}p) = c_p\frac{\mathrm{d}T}{T} - R\frac{\mathrm{d}p}{p}$$

durch Integration zu

$$\Delta s = s_2 - s_1 = c_p \ln\frac{T_2}{T_1} - R\ln\frac{p_2}{p_1} = 0.092\,\text{kJ/(kgK)} = (\Delta s)_{ad} > 0$$

berechnen. Die Entropiezunahme tritt in einem adiabaten System auf, so daß der Prozeß irreversibel ist. Bei reibungsfreier adiabater (isentroper) Prozeßführung ist die Arbeit

$$w_{t12rev} = \int_1^{2rev} v(p)\,\mathrm{d}p + \frac{1}{2}(c_2^2 - c_1^2) = \frac{\varkappa}{\varkappa - 1} R T_1 \left[\left(\frac{p_2}{p_1}\right)^{\frac{\varkappa-1}{\varkappa}} - 1\right] + \frac{1}{2}(c_2^2 - c_1^2)$$

gewinnbar. Mit $p_{2rev} = p_2$ und $\varkappa = c_p/c_v = c_p/(c_p - R) = 1.313$ folgt $w_{t12rev} = -516.6$ kJ/kg. Der isentrope Wirkungsgrad beträgt

$$\eta_{T,isentrop} = w_{t12}/w_{t12rev} = 0.891\,. \quad \blacksquare$$

6.4 Die Wasserturbine

Wasser ist ein inkompressibles Arbeitsfluid mit $\rho \approx$ const. Entsprechend der Kontinuitätsgl.(5.2) bzw. $c_1 A_1 = cA =$ const ist die Geschwindigkeitsänderung nur von der Querschnittsänderung abhängig. Die Änderung der kinetischen Energie ist praktisch meist vernachlässigbar. Die Wasserturbine nutzt die Änderung der potentiellen Energie des Fluides, Bild 30. Ein Beispiel ist das Pumpspeicherwerk. Unter den getroffenen Voraussetzungen ergibt sich die spezifische reversible technische Arbeit der Turbine aus der Energiebilanz Gl.(5.7) mit $q_{12} = 0$ zu

$$w_{t12rev} = h_{2rev} - h_1 + g(z_2 - z_1) = u_{2rev} - u_1 + \frac{1}{\rho}(p_2 - p_1) + g(z_2 - z_1)\,. \tag{6.13}$$

Weiterhin gilt für w_{t12rev} laut Gl.(5.10)

$$w_{t12rev} = \frac{1}{\rho}\int_1^2 \mathrm{d}p + g(z_2 - z_1) = \frac{1}{\rho}(p_2 - p_1) + g(z_2 - z_1)\,. \tag{6.14}$$

Der Vergleich der Gln.(6.13) und (6.14) zeigt, daß beim reversiblen Prozeß $u_{2rev} = u_1$ ist. Die innere Energie ändert sich nur beim realen Prozeß. Nach dem ersten Hauptsatz (3.21) ist

$$u_2 - u_1 = q_{12} - \int_1^2 p(v)\mathrm{d}v + w_{diss12} = w_{diss12} = c_v(T_2 - T_1)\,. \tag{6.15}$$

Die Verluste beim Durchströmen der Turbine erhöhen die Temperatur T_2 des Wassers im Abstrom der Turbine. Obwohl diese Temperaturerhöhung nur wenige 1/100 K beträgt, nutzt man T_2 zur Wirkungsgradmessung der Turbine. Die Bilanzgrenze um die Turbine läßt sich nun so wählen, daß $p_1 = p_2 = p_u$ (Umgebungsdruck) ist. Aus Gl.(6.13) folgt damit

$$w_{t12rev} = g(z_2 - z_1)\,, \tag{6.16}$$

das Maximum an nutzbarer technischer Arbeit. Mit dem Turbinenwirkungsgrad $\eta_{T,is} = w_{t12}/w_{t12rev}$ und dem Massenstrom erhalten wir für die Leistung des realen Prozesses

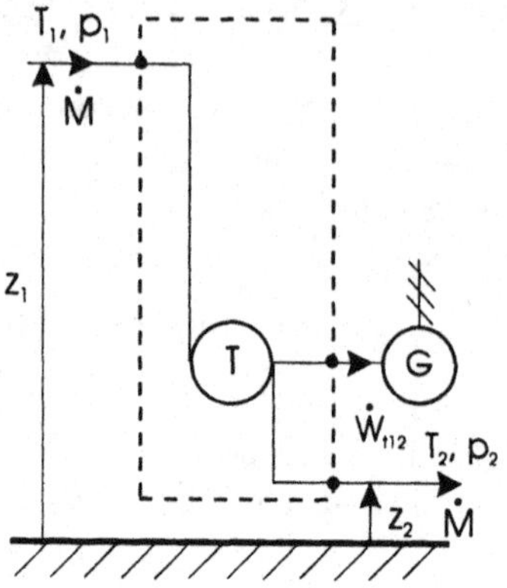

Bild 30 Bilanzraum einer Wasserturbine

$$\dot{W}_{t12rev} = \eta_{T,is}\,\dot{M}\,w_{t12rev} = \eta_{T,is}\,\dot{M}\,g(z_2 - z_1)\,. \tag{6.17}$$

6.5 Die Kreiselpumpe

Mit Kreiselpumpen fördert man Flüssigkeiten durch Rohrleitungen. Die Druckerhöhung $\Delta p_P = p_2 - p_1$ der Kreiselpumpe, Bild 31, dient hauptsächlich zur Überwindung des Höhenunterschiedes zwischen dem Unter- und Oberbecken und des Druckverlustes Δp_v der Rohrleitung. Die Strömungsgeschwindigkeiten in den Leitungen sind häufig sehr gering ($c < 5$ m/s). Wir vernachlässigen daher die kinetische Energie. Die Druckerhöhung $\Delta p_P(\dot{V})$ und die Druckverluste $\Delta p_{v01}(\dot{V})$ in der Saugleitung und $\Delta p_{v23}(\dot{V})$ in der Druckleitung sind Funktionen des geförderten Volumenstromes $\dot{V} = \dot{M}/\rho$. Sie seien bekannt. In Abhängigkeit der gewählten Bilanzgrenze, Bild 31, lassen sich unter den getroffenen Voraussetzungen und einer stationären Strömung folgende Gleichungen aufstellen.

Mit $w_{t01} = 0$ ergibt sich aus der Gl.(5.10)

$$p_1 = p_u - g\rho(z_1 - z_0) - \rho w_{diss01}\,. \tag{6.18}$$

Die volumenbezogene Reibungsarbeit $\rho\, w_{diss01}$ erfordert im realen Prozeß einen niedrigeren Saugdruck p_1 der Pumpe im Vergleich zu p_{1rev}. Die Druckdifferenz $p_{1rev} - p_1 = \Delta p_{v01}$ ist der Druckverlust des Leitungsabschnittes $0 \to 1$. Nach dem ersten Hauptsatz (3.22) führt die Dissipationsarbeit $w_{diss01} = \Delta p_{v01}/\rho = u_1 - u_0 = c_{fl}(T_1 - T_0)$ zu einer geringfügigen Erhöhung der Temperatur der Flüssigkeit. Wir wenden jetzt die Gl.(5.7) auf das Bilanzgebiet $1 \to 2$ an, das die Kreiselpumpe zwischen dem Ein- und Austrittsstutzen einschließt.

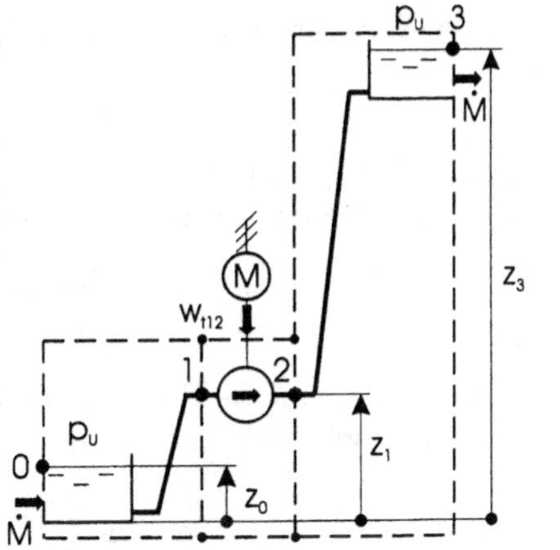

Bild 31 Kreiselpumpe im Leitungssystem

Mit $q_{12} = 0$ und $z_1 = z_2$ folgt

$$w_{t12} = \frac{1}{\rho}(p_2 - p_1) + (u_2 - u_1) = \frac{1}{\rho}(p_2 - p_1) + w_{diss12}\,. \tag{6.19}$$

Für die isentrope Zustandsänderung erhalten wir

$$w_{t12rev} = \frac{1}{\rho}(p_2 - p_1) = \frac{\Delta p_P}{\rho}\,. \tag{6.20}$$

Kennt man den Pumpenwirkungsgrad $\eta_P = w_{t12rev}/w_{t12}$, so beträgt die tatsächlich aufzuwendende Arbeit der Kreiselpumpe

$$w_{t12} = \frac{w_{t12rev}}{\eta_P} = \frac{\Delta p_P}{\rho\,\eta_P}\,. \tag{6.21}$$

Der Mehraufwand an Arbeit wird in der Kreiselpumpe dissipiert. Gemäß Gl.(6.19) erhöht sich die Flüssigkeitstemperatur um

$$T_2 - T_1 = \frac{u_2 - u_1}{c_{fl}} = \frac{w_{diss12}}{c_{fl}} = \frac{1}{c_{fl}}\Big(w_{t12} - \frac{1}{\rho}(p_2 - p_1)\Big) \tag{6.22}$$

geringfügig. Das Bilanzgebiet $2 \to 3$ verknüpft den Austrittsstutzen der Kreiselpumpe mit dem Hochbehälter. Analog zu den Gln.(6.18) und (6.22) erhält man mit $w_{t23rev} = 0$ und $p_3 = p_u$

$$p_2 = p_u + g\,\rho(z_3 - z_2) + \Delta p_{v23} \quad \text{und} \quad T_3 - T_2 = \frac{\Delta p_{v23}}{\rho\, c_{fl}}\,. \tag{6.23}$$

Nach den Gln.(6.18) und (6.23) hängt die reversible spezifische technische Arbeit bzw. die Druckerhöhung der Kreiselpumpe

$$\Delta p_P = g\,\rho(z_3 - z_0) + \Delta p_{v01} + \Delta p_{v23} \tag{6.24}$$

nur von der Spiegeldifferenz $z_3 - z_0$ und der Summe der Rohrleitungsverluste ab, während die Temperaturerhöhung der Flüssigkeit

$$T_3 - T_0 = \frac{\Delta p_{v01}}{\rho\, c_{fl}} + \frac{w_{t12} - w_{t12rev}}{c_{fl}} + \frac{\Delta p_{v23}}{\rho\, c_{fl}} \tag{6.25}$$

beträgt. Legt man die Bilanzgrenze schließlich um die gesamte Anlage von $0 \rightarrow 3$, so ergibt sich schließlich

$$w_{t03} = w_{t12} = \frac{\Delta p_P}{\rho\,\eta_P} = g(z_3 - z_0) + \frac{\Delta p_{v01}}{\rho} + w_{diss12} + \frac{\Delta p_{v23}}{\rho}\,. \tag{6.26}$$

6.6 Der Wärmeübertrager

Wärmeübertrager werden in den unterschiedlichsten Konstruktionen in fast allen Bereichen der Technik eingesetzt. Wir wollen uns auf die Rekuperatoren, bei denen beide Fluide durch eine Wand getrennt sind, beschränken. In diesem Fall überqueren zwei Stoffströme, das Kühl- und das Heizfluid, die Bilanzgrenze, Bild 32. Wir betrachten den stationären Fall unter der Voraussetzung, daß keine Wärmeverluste an die Umgebung auftreten. Die Änderungen der kinetischen und der potentiellen Energie seien vernachlässigbar, ebenso der Druckverlust. Aus der Energiebilanz Gl.(5.6) folgt mit $\dot{W}_t = 0$ und $\mathrm{d}E/\mathrm{d}t = 0$

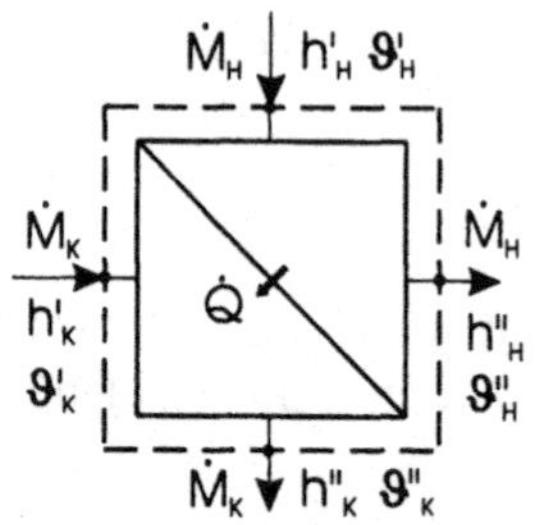

Bild 32 Wärmeübertrager

$$\dot{M}_H\, h'_H + \dot{M}_K\, h'_K - \dot{M}_H\, h''_H - \dot{M}_K\, h''_K = 0\,. \tag{6.27}$$

Legt man die Bilanzgrenze in eine Kammer des Wärmeübertragers, so folgt analog

$$-\dot{Q}_H = \dot{M}_H\,(h'_H - h''_H) = \dot{Q}_K = \dot{M}_K\,(h''_K - h'_K) = \dot{Q} \tag{6.28}$$

und bei Vernachlässigung von Phasenumwandlungen

$$\dot{Q} = (\dot{M}\,c_p)_H(\vartheta'_H - \vartheta''_H) = (\dot{M}\,c_p)_K(\vartheta''_K - \vartheta'_K)\,. \tag{6.29}$$

Für die weitere Behandlung wollen wir den im Bild 33 dargestellen Mantelrohr-Wärmeübertrager betrachten. Vereinfachend habe das heißere Fluid eine konstante Temperatur ϑ_H. Diese Annahme trifft zu, wenn $(\dot{M}\ c_p)_H >> (\dot{M}\ c_p)_K$ ist, eine Kondensation stattfindet oder wenn das Kühlfluid z.B. in Halbrohren, die auf die Wand aufgeschweißt sind, um den Mantel eines Rührkesselreaktors geleitet wird. Die Wärmezufuhr an das Kühlfluid erfolgt stetig längs des Weges s_k. Man kann von einer quasistatischen Zustandsänderung ausgehen. Ein mit dem Massenelement $\rho A\,\mathrm{d}s_k$ mitbewegter Beobachter registriert die im Abschnitt 3.4.5 behandelte zeitliche Änderung des Systemzustandes. Im ortsfesten Bilanzraum stellt sich die Zustandsänderung als örtliche Änderung, z.B. $\vartheta_K(s_k)$ dar, wobei die Orts- und die Zeitkoordinate über die Geschwindigkeit c entsprechend $\mathrm{d}t = \mathrm{d}s_k/c$ verknüpft sind.

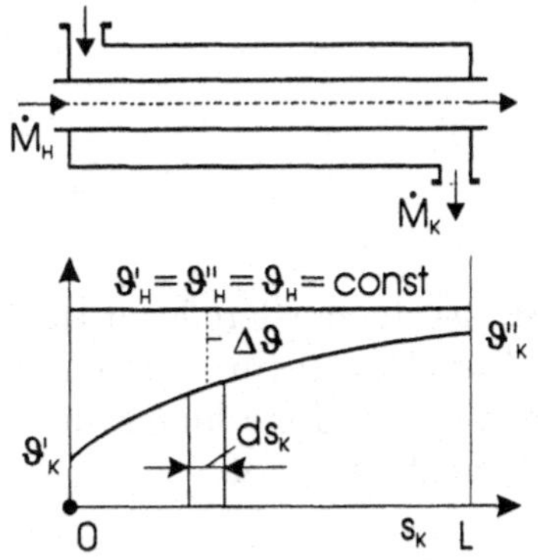

Bild 33 Temperaturverteilung

Für einen differentiellen Abschnitt $\mathrm{d}s_k$ des Kontrollgebietes lautet die Energiebilanz nach Gl.(5.5)

$$\delta\,\dot{Q} = \dot{M}_K\ \mathrm{d}h_K = (\dot{M}\ c_p)_K \mathrm{d}\vartheta_k \tag{6.30}$$

und unter Berücksichtigung des Ansatzes (3.41) für den Wärmestrom

$$\delta\,\dot{Q} = k\big(\vartheta_H - \vartheta_K(s_k)\big)U_R\,\mathrm{d}s_k = (\dot{M}\ c_p)_K \mathrm{d}\vartheta_K\,. \tag{6.31}$$

U_R ist hierbei der Umfang des inneren Rohres. Durch Trennung der Variablen

$$\frac{\mathrm{d}\vartheta_K}{\vartheta_K - \vartheta_H} = -\frac{k\,U_R}{(\dot{M}\ c_p)_K}\mathrm{d}s_k \tag{6.32}$$

und nach anschließender Integration in den Grenzen $0 \leq s_k \leq L$ und $\vartheta'_K \leq \vartheta_K \leq \vartheta''_K$ folgt

$$\ln\left(\frac{\vartheta'_K - \vartheta_H}{\vartheta''_K - \vartheta_H}\right) = \frac{k\,U_R\,L}{(\dot{M}\ c_p)_K}\,. \tag{6.33}$$

Die Temperatur

$$\vartheta_K(s_k) = \vartheta_H - (\vartheta_H - \vartheta'_K)\exp\left(-\frac{k\,U_R}{(\dot{M}\ c_p)_K}s_k\right) \tag{6.34}$$

des Kühlfluides nimmt mit s_K exponentiell zu. Ersetzt man in Gl.(6.33) den Term $(\dot{M}\, c_p)_K$ mit Hilfe der Gl.(6.29) für den gesamten auf der Länge L übertragenen Wärmestrom $\dot{Q}$, so erhält man für diesen

$$\dot{Q} = k A_M \frac{(\vartheta_H - \vartheta'_K) - (\vartheta_H - \vartheta''_K)}{\ln\left(\frac{\vartheta_H - \vartheta'_K}{\vartheta_H - \vartheta''_K}\right)} = k\, A_M\, \Delta\vartheta_m \tag{6.35}$$

mit

$$\Delta\vartheta_m = \frac{\Delta\vartheta_{gross} - \Delta\vartheta_{klein}}{\ln\left(\frac{\Delta\vartheta_{gross}}{\Delta\vartheta_{klein}}\right)}.$$

$\Delta\vartheta_m$ ist die mittlere logarithmische Temperaturdifferenz, die aus der kleinsten und größten Temperaturdifferenz zwischen beiden Fluiden besteht. Gl.(6.35) gestattet die Berechnung der Heizfläche $A_M = U_R\, L$ bei der Auslegung von Wärmeübertragern.

7 Kreisprozesse und Energiewandlung

7.1 Grundlagen der Kreisprozesse

Jeder Prozeß, der ein System nach Durchlaufen einer Folge von quasistatischen oder nichtstatischen Zustandsänderungen wieder in den Ausgangszustand überführt, ist ein **Kreisprozeß**. Ein Kreisprozeß, bei dem Arbeit verrichtet wird, muß mindestens aus einer Verdichtungsphase und einer Entspannungsphase bestehen, die auf verschiedenen Wegen ablaufen. Kreisprozesse finden in geschlossenen und offenen Systemen statt. Um sie näher zu beschreiben, wenden wir den ersten Hauptsatz (3.21) für ein geschlossenes System

$$\oint \delta q + \oint \delta w = \oint \mathrm{d}u = 0 \tag{7.1}$$

und die Energiebilanz (5.7) eines offenen Systems

$$\oint \delta q + \oint \delta w_t = \oint \mathrm{d}h + \frac{1}{2}\oint \mathrm{d}c^2 + g\oint \mathrm{d}z = 0 \tag{7.2}$$

auf einen geschlossenen Prozeß an. Die rechten Seiten der beiden Gln.(7.1) und (7.2) ergeben Null, da Kreisintegrale über Zustandsgrößen stets verschwinden. Es gilt daher der

Satz 7.1: *Die bei einem Kreisprozeß in einem geschlossenen oder offenen System verrichtete spezifische* **Kreisprozeßarbeit**

$$w = \oint \delta w = \oint \delta w_t = - \oint \delta q = -(q_{zu} - q_{ab}) \tag{7.3}$$

ist gleich der negativen Differenz der zu- und abgeführten Wärme. Für reversible Prozesse folgt aus den Gln.(3.17) und (5.11)

$$w_{rev} = \oint \delta w_{rev} = - \oint p dv = \oint \delta w_{trev} = \oint v dp = -(q_{zu} - q_{ab})_{rev} \,. \tag{7.4}$$

Während w bzw. $w_{rev} \lesseqgtr 0$ sein kann, sind $q_{zu}, q_{ab} \geq 0$.

Kreisprozesse führt man mit dem Ziel der Energieumwandlung durch. Wird mehr Wärme zu- als abgeführt ($q_{zu} > q_{ab}$), so gibt der Kreisprozeß Arbeit ab ($w < 0$). Man spricht in diesem Fall von einer Wärmekraftmaschine.

Gemäß der schematischen Darstellung im T,s-Diagramm, Bild 34, ist der Kreisprozeß einer **Wärmekraftmaschine** ein **Rechtsprozeß**. Ist demgegenüber $q_{ab} > q_{zu}$, so muß dem Prozeß Arbeit zugeführt werden, die benötigt wird, um Wärme von einem System niederer Temperatur in ein System höherer Temperatur zu transportieren. In diesem Fall handelt es sich um einen linksläufigen Prozeß.

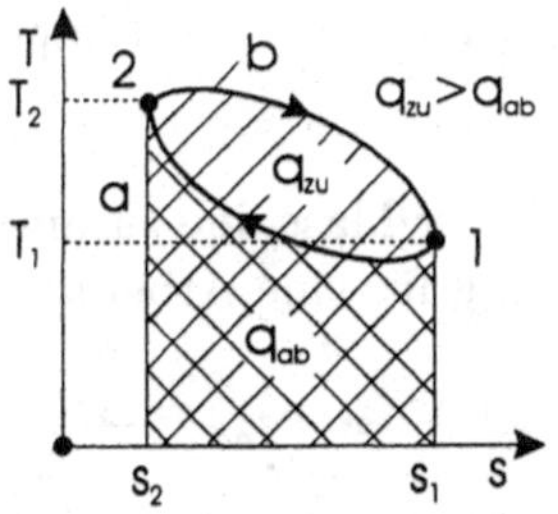

Bild 34 Kreisprozeß im T,s-Diagramm

Linksprozesse finden in **Kältemaschinen** und **Wärmepumpen** statt. Für die Bewertung der rechtsläufigen Prozesse benutzt man den **thermischen Wirkungsgrad** η_{th} und für die linksläufigen Prozesse die **Leistungsziffer** ε. Die Kennziffern

$$\eta_{th} = \frac{|w|}{q_{zu}} = 1 - \frac{q_{ab}}{q_{zu}}, \quad \varepsilon_{KM} = \frac{q_{zu}}{w}, \quad \varepsilon_{WP} = \frac{q_{ab}}{w} \tag{7.5}$$

sind die Verhältnisse von Nutzen und Aufwand. ε_{KM} ist die Leistungsziffer der Kältemaschine und ε_{WP} die der Wärmepumpe. Für eine Kältemaschine z.B. stellt die dem Kühlfach entzogene und dem Kältemittel zugeführte Wärme q_{zu} die genutzte Energie dar. Die Kreisprozeßarbeit ist dagegen die aufzuwendende Energie.

7.2 Möglichkeiten der Energieumwandlung

Der zweite Hauptsatz schränkt die möglichen Energieumwandlungen ein. Während Arbeit vollständig in innere Energie und Wärme umwandelbar ist, kann Wärme mit einem Kreisprozeß nicht vollständig in Arbeit umgewandelt werden. Zur näheren Erläuterung betrachten wir eine Maschine M, in der das Arbeitsmittel einen Kreisprozeß durchläuft. Außer der Maschine sind zwei Wärmereservoire unterschiedlicher Temperatur erforderlich, Bild 35. Ihre Wärmekapazitäten seien sehr groß, so daß die Temperaturen konstant bleiben. Aus dem oberen Wärmereservoir mit der Temperatur T_o fließt der Maschine die Wärme Q_{zu} zu. An das untere Wärmereservoir mit der Temperatur $T_u < T_o$ gibt die Maschine einen Teil der aufgenommenen Wärme Q_{ab} wieder ab. Nur auf diese Weise läßt sich ein Kreisprozeß realisieren. Wir wollen zeigen, daß die Existenz des zweiten Wärmereservoirs notwendig ist.
Angenommen, das untere Wärmereservoir wäre nicht vorhanden, dann wäre $|W| = Q_{zu}$. Das Wärmereservoir mit der Temperatur T_o

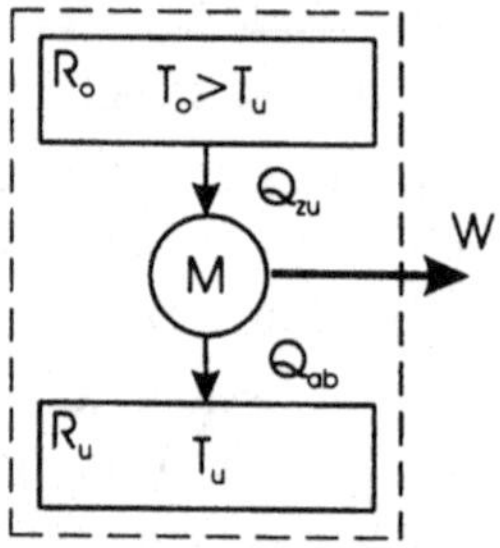

Bild 35 Adiabates Gesamtsystem einer Wärmekraftmaschine

bildet mit der Maschine zusammen ein adiabates Gesamtsystem, dessen Entropieänderung für eine Arbeitsperiode (AP)

$$\left(\Delta S_{gesAP}\right)_{ad} = \Delta S_M + \Delta S_o = \oint \mathrm{d}S_M - \frac{Q_{zu}}{T_o} = -\frac{Q_{zu}}{T_o} < 0 \qquad (7.6)$$

ist. Für das System Maschine, in dem das Arbeitsmittel einen Kreisprozeß durchlaufen hat, ist die Entropieänderung Null. Da Gl.(7.6) gegen den zweiten Hauptsatz verstößt, ist ein Prozeß, der nur durch Abkühlung eines Wärmereservoirs periodisch Arbeit liefert, nicht möglich. Wegen der Bedeutung, die eine solche Maschine haben würde, bezeichnet man sie als **perpetuum mobile 2. Art**! Es verstößt nicht gegen den ersten, wohl aber gegen den zweiten Hauptsatz. Damit ist stets ein zweites Wärmereservoir mit niedrigerer Temperatur $T_u < T_o$ erforderlich, dessen Entropie bei der Wärmeaufnahme zunimmt.
Nach dem ersten Hauptsatz (3.20) beträgt dann die von der Maschine abgegebene Arbeit

$$|W| = Q_{zu} - Q_{ab}\,. \qquad (7.7)$$

Gleichzeitig fordert der zweite Hauptsatz (3.69) für das adiabate Gesamtsystem

$$\left(\Delta S_{gesAP}\right)_{ad} = \Delta S_M + \Delta S_o + \Delta S_u = -\frac{Q_{zu}}{T_o} + \frac{Q_{ab}}{T_u} \geq 0\,. \qquad (7.8)$$

Wir ersetzen nun in der Ungl.(7.8) Q_{ab} durch Gl.(7.7) und stellen die so erhaltene Gleichung nach der Kreisprozeßarbeit um:

$$|W| \leq Q_{zu}\left(1 - \frac{T_u}{T_o}\right).$$

Für den thermischen Wirkungsgrad η_{th} erhalten wir die Ungleichung

$$\eta_{th} = \frac{|W|}{Q_{zu}} \leq 1 - \frac{T_u}{T_o} < 1. \tag{7.9}$$

Satz 7.2: *Bei Wärmekraftmaschinen muß gemäß des zweiten Hauptsatzes stets ein Teil der zugeführten Wärme bei niedrigerer Temperatur wieder abgeführt werden. Daraus folgt für den thermischen Wirkungsgrad* $\eta_{th} < 1$. *Der maximal in Arbeit umwandelbare Anteil der Wärme hängt nicht vom Arbeitsstoff ab. Er ist nur eine Funktion der minimalen und maximalen Prozeßtemperatur*

$$|W|_{max} = \left(1 - \frac{T_{min}}{T_{max}}\right)Q_{zu} = \left(1 - \frac{T_u}{T_o}\right)Q_{zu}. \tag{7.10}$$

Ist die minimale Prozeßtemperatur durch die Umgebungstemperatur festgelegt, so kann der Wirkungsgrad nur durch Anheben der Prozeßtemperatur T_{max} gesteigert werden. Aus diesem Grunde ist bei Wärmekraftmaschinen die Wärmezufuhr bei möglichst hoher Temperatur zu realisieren.

Wird bei einer Energieübertragung das Temperaturniveau abgesenkt, dann ist damit ein Verlust an Arbeitsfähigkeit verbunden. Ein Beispiel dafür ist der Dampferzeuger. Während die Rauchgastemperatur z.B. $\vartheta_R = \vartheta_0 = 1200^o$ C beträgt, läßt man aus Werkstoffgründen nur eine Dampftemperatur von $\vartheta_D = \vartheta_0 - \Delta T_{Wue} = 550^o$C zu. Der thermische Wirkungsgrad $\eta_{th,D}$ des Dampfprozesses verschlechtert sich dadurch. Setzen wir $\Delta T_{Wue} = \vartheta_R - \vartheta_D$, dann beträgt der Verlust an gewinnbarer Arbeit durch die bei der Wärmeübertragung auftretende Temperaturabsenkung

$$\Delta W_{Verl} = \left(\eta_{th,R} - \eta_{th,D}\right)Q_{zu} = \left(\frac{T_u}{T_o - \Delta T_{Wue}} - \frac{T_u}{T_o}\right)Q_{zu} > 0. \tag{7.11}$$

Im angegebenen Beispiel beträgt $|\Delta W_{Verl}|$ mit $T_u = 300$ K bereits 16.1 % von Q_{zu}.

7.3 Der Carnotsche Kreisprozeß

Die wesentlichen Zusammenhänge der Kreisprozesse wollen wir am Beispiel des Carnot-Prozesses näher erläutern. Er ist in der Thermodynamik als theoretischer Vergleichsprozeß von grundsätzlicher Bedeutung.

7.3.1 Die Wärmekraftmaschine

Eine Carnot-Maschine kann mit dem System 'Zylinder-Kolben' (ohne Ein- und Auslaßventil) beschrieben werden. Im Zylinder befindet sich das Arbeitsgas, das dort ständig verbleibt und in der Modellvorstellung abwechselnd jeweils mit einem Wärmereservoir der Temperatur T_o und T_u in Kontakt gebracht wird, Bild 36. Der Carnotsche Kreisprozeß besteht aus 4 Teilprozessen, Bilder 36 und 37. Von 1 $\rightarrow$ 2 erfolgt eine isotherme Entspannung, bei der die Wärme Q_{zu} zugeführt wird. Das Wärmereservoir R_o hat in dieser Zeitspanne Kontakt mit dem Zylinder. Der isothermen Entspannung folgt eine isentrope Entspannung von 2 $\rightarrow$ 3

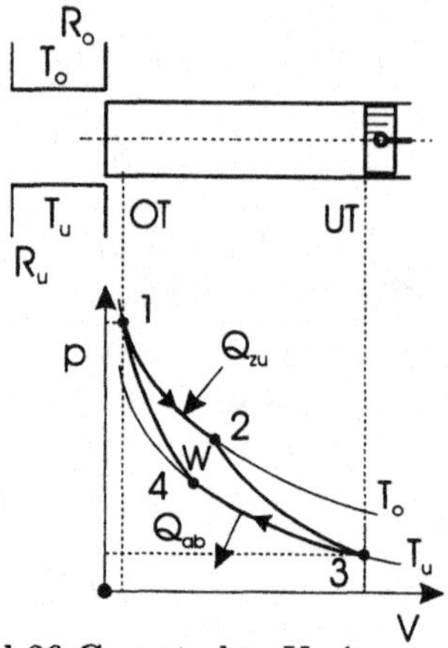

Bild 36 Carnotscher Kreisprozeß

auf den Druck $p_3 < p_2$ und auf die Temperatur $T_u < T_o$. In 3 hat der Kolben UT erreicht. Es schließt sich nun die isotherme Verdichtung von 3 $\rightarrow$ 4 an. Dabei wird auf dem Temperaturniveau T_u die Wärme Q_{ab} dem Arbeitsgas entzogen. Zu diesem Zweck ist das Wärmereservoir R_u mit dem Zylinder in Kontakt zu bringen. Von 4 $\rightarrow$ 1 wird das Arbeitsgas im Zylinder isentrop verdichtet, bis in 1 wieder der Anfangszustand erreicht ist. Der Carnot-Prozeß setzt sich also aus zwei Isothermen und zwei Isentropen zusammen. Nach vollständiger

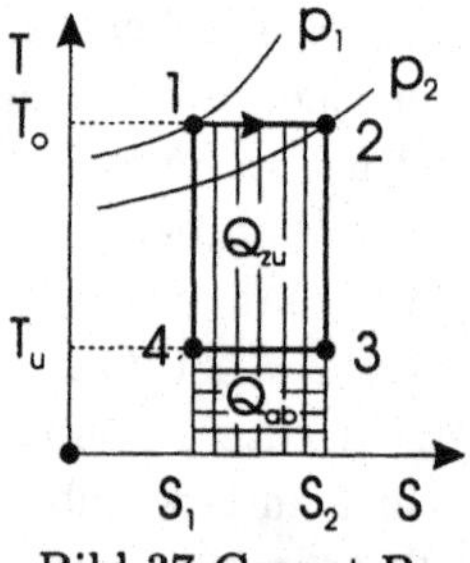

Bild 37 Carnot-Prozeß im T, s-Diagramm

Berechnung der thermischen Zustandsgrößen p_i, v_i, T_i in den Prozeßpunkten $i = 1, 2, 3, 4$ sind die Wärmen, die Kreisprozeßarbeit und der thermische Wirkungsgrad mit Hilfe der Gleichungen in Tabelle 5.1 berechenbar:

$$
\begin{aligned}
Q_{zu} = Q_{12} &= \int_1^2 T_o \mathrm{d}S = T_o(S_2 - S_1) = MRT_o \ln\frac{V_2}{V_1} = -W_{V12}\,, \\
Q_{ab} = |Q_{34}| &= -\int_3^4 T_u \mathrm{d}S = -T_u(S_4 - S_3) = -MRT_u \ln\frac{V_4}{V_3} = W_{V34}\,,
\end{aligned}
\tag{7.12}
$$

$$
W = W_{V12} + W_{V23} + W_{V34} + W_{V41} = -(Q_{zu} - Q_{ab})\,. \tag{7.13}
$$

Es ist $W_{V41} = -W_{V23}$ mit $\frac{V_3}{V_2} = \frac{V_4}{V_1} = \left(\frac{T_o}{T_u}\right)^{\frac{1}{\kappa-1}}$, und man erhält

$$W = -(T_o - T_u)(S_2 - S_1) \quad \text{und} \tag{7.14}$$

$$\eta_{th} = \frac{|W|}{Q_{zu}} = 1 - \frac{Q_{ab}}{Q_{zu}} = 1 - \frac{T_u|\Delta S|}{T_o|\Delta S|} = 1 - \frac{T_u}{T_o} < 1\,. \tag{7.15}$$

Vergleicht man Gl.(7.15) mit Gl.(7.10), so folgt der Satz

Satz 7.3: *Von allen Kreisprozessen, die zwischen den Temperaturen T_o und T_u realisierbar sind, besitzt der Carnot-Prozeß den maximalen Wirkungsgrad*

$$\eta_{th,C} = \eta_{th,max}(T_o, T_u) = \frac{|W_{max}|}{Q_{zu}} = 1 - \frac{T_u}{T_o}\,. \tag{7.16}$$

Der thermische Wirkungsgrad $\eta_{th,max}$ gibt die durch den zweiten Hauptsatz bedingte Grenze der Umwandelbarkeit von Wärme in Arbeit an.

In Abhängigkeit von den bei einem realen Prozeß auftretenden minimalen und maximalen Temperaturen kann mit $\eta_{th,max}$ eine Prozeßbewertung vorgenommen werden. Bild 38 zeigt den bei reversibler Prozeßführung theoretisch als Arbeit gewinnbaren Anteil der Wärme. Bei realen Prozessen verschlechtert sich dieser Anteil noch einmal infolge der durch die Irreversibilitäten verursachten Energiedissipation.

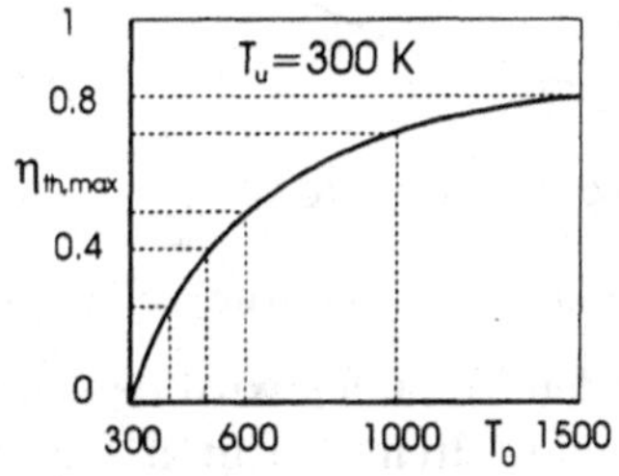

Bild 38 Carnot-Wirkungsgrad

7.3.2 Kältemaschine und Wärmepumpe

Kältemaschinen und Wärmepumpen liegen Linksprozesse zugrunde. Sie unterscheiden sich durch die technische Zielstellung, die im Kühlen (T_K) oder Heizen (T_H) besteht, und durch den unterschiedlichen Temperaturbereich ihres Einsatzes, Bild 39. Die Berechnung erfolgt analog dem Rechtsprozeß. Dem Prozeß muß jetzt Arbeit zugeführt werden. Längs der Isothermen 2 → 3, Bild 39, wird die Wärme Q_{zu} bei der niedrigeren Temperatur

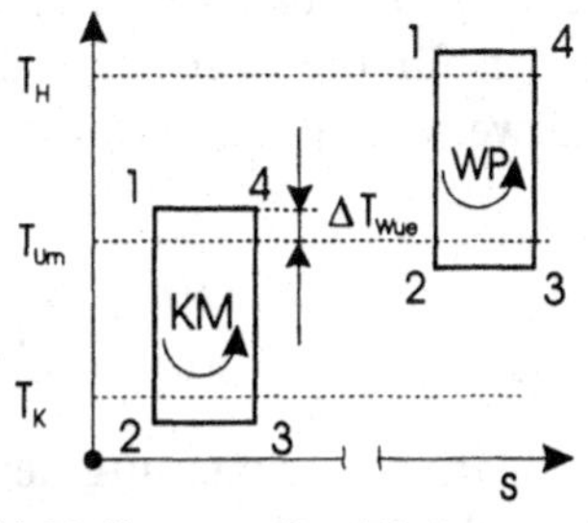

Bild 39 Carnotscher Linksprozeß

T_u zugeführt, und längs der Isothermen 4 → 1 wird die Wärme $Q_{ab} = Q_{zu} + W$ bei der höheren Temperatur T_o abgeführt. Die Leistungsziffern dieser Vorgänge

$$\varepsilon_{KM,C} = \frac{Q_{zu}}{W} = \frac{Q_{zu}}{Q_{ab} - Q_{zu}} = \frac{T_u}{T_o - T_u} = \varepsilon_{KM,max}(T_u, T_o) \tag{7.17}$$

und

$$\varepsilon_{WP,C} = \frac{Q_{ab}}{W} = \frac{Q_{ab}}{Q_{ab} - Q_{zu}} = \frac{T_o}{T_o - T_u} = \varepsilon_{WP,max}(T_u, T_o) \tag{7.18}$$

stellen für alle zwischen T_o und T_u realisierbaren Kreisprozesse theoretische Grenzwerte dar. Diese sind nur eine Funktion der minimalen und maximalen Prozeßtemperatur. Die theoretischen Grenzwerte der Leistungsziffern sind im Bild 40 in Abhängigkeit der Prozeßtemperaturen dargestellt.

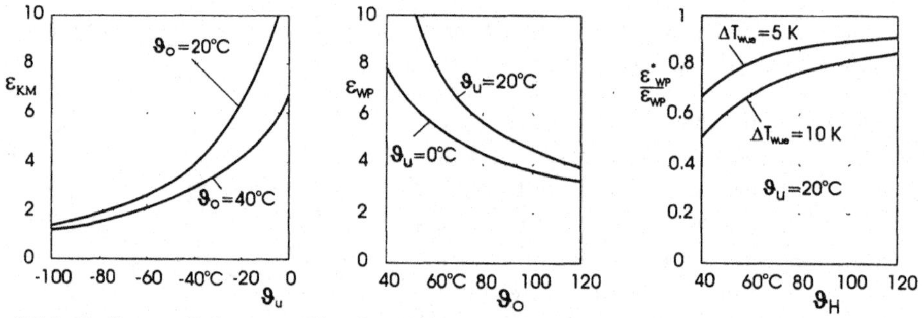

Bild 40 Carnot-Leistungsziffer der Kältemaschine und Wärmepumpe

Aus den Verläufen wird deutlich, daß bei der Auslegung von Kühlprozessen die Kältemitteltemperatur nur so niedrig wie unbedingt notwendig gewählt werden sollte. Ebenso sind für einen effektiven Einsatz von Wärmepumpen Niedertemperaturheizsysteme Voraussetzung. Während für reversible Prozesse mit $\Delta T_{Wue} = 0$ die unteren und oberen Prozeßtemperaturen identisch mit T_K und T_{Um} bzw. T_{Um} und T_H sind, ist bei realen Prozessen zur Erzielung einer endlichen Wärmeübertragerfläche stets eine Mindestdifferenz ΔT_{Wue} zu berücksichtigen (vergl. Abschnitt 3.3). Vereinfachend soll diese hier unabhängig von den Fluiden für die Wärmezu- und -abfuhr gleichgroß angenommen werden. Beispielsweise ist die Leistungsziffer $\varepsilon^\star_{WP,C}$ der Wärmepumpe in diesem Fall

$$\varepsilon^\star_{WP,C} = \frac{T_H + \Delta T_{Wue}}{\left(T_H + \Delta T_{Wue}\right) - \left(T_{Um} - \Delta T_{Wue}\right)} . \tag{7.19}$$

Die relative Verringerung der Leistungsziffer $\varepsilon^\star_{WP,C}/\varepsilon_{WP,C}$ infolge einer Temperaturdifferenz ΔT_{Wue} beim Wärmeübergang in den Wärmeübertragern ist im

Bild 40 rechts dargestellt. Wird in beiden Prozessen der gleiche Heizwärmestrom $\dot{Q}_{ab}$ vorausgesetzt, so gilt $\varepsilon^{\star}_{WP,C}/\varepsilon_{WP,C} = W/W_{\Delta T}$. Die mit der Irreversibilität des Wärmetransportes verbundene Dissipation erfordert damit einen nicht unerheblichen Mehraufwand an Arbeit.

Beispiel 15:
Welche minimale theoretische Leistung ist zum Antrieb einer Kältemaschine notwendig, die einem Kühlraum stündlich 8000 kJ bei $\vartheta_K = -18^o\text{C}$ entzieht und die Wärme bei der Umgebungstemperatur $\vartheta_{Um} = 25^o\text{C}$ abgibt? Wie ändert sich dieser Wert, wenn für die Wärmezu- bzw. -abfuhr jeweils eine Temperaturdifferenz von $\Delta\vartheta = 5$ K zu berücksichtigen ist?

Lösung: Mittels der maximalen Leistungsziffer, Gl.(7.17),

$$\varepsilon_{KM,max} = \frac{T_K}{T_{Um} - T_K} = \frac{255}{298 - 255} = 5.93$$

ergibt sich die minimale Leistung der Kältemaschine zu

$$\dot{W}_{min} = \frac{\dot{Q}_{zu}}{\varepsilon_{KM,C}} = \frac{8000}{3600 \cdot 5.93} = 0.375\,\text{kW}\,.$$

Auf Grund der Temperaturdifferenz $\Delta\vartheta$ beträgt die Leistungsziffer

$$\varepsilon_{KM,C} = \frac{T_K - \Delta\vartheta}{T_{Um} - T_K + 2\Delta\vartheta} = \frac{250}{53} = 4.72$$

und die Leistung der Kältemaschine $\dot{W} = \frac{8000}{3600 \cdot 4.72} = 0.471\,\text{kW}$. ■

Unter der Annahme idealisierter Bedingungen können eine Reihe praktisch wichtiger Energieumwandlungsprozesse durch einfache Kreisprozesse beschrieben werden. Hierzu zählen u.a. der **Otto-Prozeß** (zwei Isentropen, zwei Isochoren), der **Diesel-Prozeß** (zwei Isentropen, eine Isobare, eine Isochore) und der **Joule-Prozeß** (zwei Isentropen, zwei Isobaren) als Vergleichsprozeß der geschlossenen und offenen Gasturbinenanlage. Ihre Berechnung entspricht prinzipiell der hier vorgestellten Vorgehensweise. Bezüglich einer detaillierten Behandlung sei auf die weiterführende Literatur [Ba96, El93, St92] verwiesen.

Literatur

[Au94] Autorenkollektiv : *VDI-Wärmeatlas.* VDI-Verlag 1994.

[Ba96] Baehr, E.D.: *Thermodynamik.* Berlin: Springer-Verlag 1996.

[BK88] Bosnjakovice, F.; Knoche, K.F.: *Technische Thermodynamik.* Leipzig: Dt. Verlag für Grundstoffindustrie 1988.

[Di95] Dittmann, A.; Fischer, S.; Huhn, J.; Klinger, J.: *Repetitorium der Technischen Thermodynamik.* Stuttgart: Teubner-Verlag 1995.

[Do94] Doering, E.; Schedwill, H.: *Grundlagen der Technischen Thermodynamik.* Stuttgart: Teubner-Verlag 1994.

[El93] Elsner, N.: *Grundlagen der Technischen Thermodynamik.* Berlin: Akademie-Verlag 1993.

[Ib97] Iben, H.K.: *Strömungslehre in Fragen und Aufgaben.* Leipzig: Teubner-Verlag 1997.

[Ri96] Rist, D.: *Dynamik realer Gase.* Berlin: Springer-Verlag 1996.

[SG89] Schmidt, E.; Grigull, U.: *Zustandsgrößen von Wasser und Wasserdampf in SI-Einheiten.* Berlin: Springer-Verlag 1989.

[St92] Stephan, K.; Mayinger, F.: *Thermodynamik.* Bd. 1. Berlin: Springer-Verlag 1992.

[St98] Stolz, W.: *Starthilfe Physik.* Leipzig: Teubner-Verlag 1998.

[Ve98] Vetters, K.: *Formeln und Fakten.* Stuttgart Leipzig: Teubner-Verlag 1998.

[WM94] Wenzel, H.; Meinhold, P.: *Gewöhnliche Differentialgleichungen.* Leipzig: Teubner-Verlag 1994.

[Ze96] Zeidler, E.: *TEUBNER-TASCHENBUCH der Mathematik.* Leipzig: Teubner-Verlag 1996.

Sachregister